KB166327

사람을 만나는 도시

Urban Encounter

송민철

일러두기

* 외래어 표기는 국립국어원 표기법을 따랐다.
* 띄어쓰기는 국립국어원의 기준을 따르되 일부는 실용적인 표기를 택했다.
  ex) 도시계획, 도시설계, 공공공간, 보차(보도와 차도)
* 일반적으로 통용되는 단어 중 일부는 그 의미를 구별해 사용했다.
  ex) 건축 환경: 건축 공간에 한정
  건조 환경: 도시 등 비교적 넓은 의미의 환경
* 문헌은 종류에 따라 단행본은 『』로, 연구 논문이나 기사는 「」로, 잡지 등 정기 간행물은 《》로 묶었다.
* 도판출처에 표기되지 않은 사진은 모두 저자가 직접 촬영한 사진이다.
* 각주는 저자주와 편집자주로 구분해 적었다.

사람을 만나는 도시

송민철 지음

자동차에
빼앗긴 장소를
되찾는

도시설계
지침서

효형출판

차례

프롤로그: 사람을 만나는 길

건축설계사무소를 다니다 공무원이 되어 도시를 만드는 일에 참여하게 되었다. 도시를 만드는 사람들의 관심과 열정은 늘 도시 안에 '무엇'을 '얼마나' 지을 수 있는지에 집중되어 있었다. 이는 공무원이 주도할 수 없는 정치적 영역과 닿아 있어 많은 이의 시간과 노력을 소모시켰다. 이러한 업무를 통틀어 '도시계획planning'이라 칭할 수 있다. '도시설계design'는 이와 구별되는 개념으로, 도시를 '어떻게' 만들지 구체적인 형태를 구상하는 업무를 일컫는다.

치열한 도시계획 업무와 비교하면 도시를 설계하는 일은 사람들의 관심 밖에 있었다. 도시의 모습을 걱정하거나 기대하는 사람은 좀처럼 만나기 힘들었다. 시민들도 차가 막히는 것을 이따금 불평할 뿐이었다. 그러므로 도시설계 업무는 온전히 사업자의 몫이었다. 기대가 없으므로 개선도 없었다. 이러한 도시설계의 결과물은 자기주장 없는 공산품에 가까웠다. 모든 신도시의 풍경이 비슷비슷한 이유다. 별도의 전문가 집단을 두어 설계 과정을 감독하도록 만들었지만, 우리나라의 도시설계 문화를 뒤집을 수는 없었다. 도시설계를 탐구하기에는 법안이나 예산 등 도시계획과 관련된 시급한 현안이 너무 많기도 했다. 때때로 경관이나 공동체와 관련된 새로움 혹은 특별함에 대한 주문이 있었지만, 문제를 제기하는 측이나 답을 찾는 측이나 핵심을 짚어내지 못하는 탓에 근본적인 변화를 만들어내지는 못했다.

그러던 와중에 직접 전문가를 찾아가 자문을 구하는 것을 선호하셨던 한 국장님과 함께 다니면서 보이지 않던 실마리가 잡히기 시작했다. 그 생각을 키우고 정리하여 늦게나마 하나의 대안을 내어놓는다.

내가 발견한 실마리는 '사람들의 만남'이었다. 사람을 만나는 일은 원초적인 즐거움뿐 아니라 실질적인 사회적 효용을 만들어낸다. 이웃과의 만남은 지역 공동체를 복원시키고 우리 사회가 개인의 능력 밖에 산재한 문제에 대처할 수 있는 능력을 부여한다. 사람 사이의 신뢰가 회복되면 불필요한 사회적 비용 또한 줄어든다. 이웃과 더불어 살아감으로써 서로의 인류애를 확인하고 스스로의 존엄성을 되찾을 수 있다.

그러므로 도시를 설계하는 일은 사람을 만나게 하는 일이 되어야 한다. 만남을 일으키는 장소를 만들고, 지금처럼 자동차가 도시의 주인 행세를 하며 정작 중요한 '사람들의 만남'과 '소통'을 방해하지 않도록 해야 한다. 그 과정에서 교통사고, 탄소 배출과 환경 오염 등 자동차로 인한 도시 문제가 완화되고, 더 나아가 지역 경제 활성화, 계층 간 융화 효과까지 기대할 수 있을 것이다.

지금도 많은 전문가가 우리 도시의 문제를 지적하며 도시계획이 나아 갈 방향을 제시하고 있지만 구체적으로 무엇을 어떻게 해야 그 문제를 해결하고 목표에 다다를 수 있는지는 명쾌하지 않다. 이 책은 바로 그 지점에 놓일 디딤돌이다. 새로운 도시를 만드는 방법을 최대한 구체적으로 설명하되, 배경지식 없이도 편하게 읽을 수 있도록 일반적인 표현을 사용했다. 바쁜 일상에 주변을 둘러보는 기회를 갖기가 쉽지 않지만, 우리가 사는 환경은 주어진 것이 아니라 우리 스스로 계획하고 만든 것이라는 사실을 잊지 말아야 한다. 이야기가 끝나갈 즈음엔 도시의 무엇을 보아야 할지, 또 그것을 어떻게 평가해야 할지 명확한 기준이 머릿속에 그려지게 될 것이다.

다르게 생각하면 다르게 살 수 있다. 많은 사람이 이 책을 통해 서로 손을 맞잡고 새로운 도시로 가는 길에 동행한다면, 우리는 분명 가까운 미래에 사람을 만나는 도시에서 우리의 아이들과 함께 살게 될 것이다.

송민철

I 우리는 안녕한가?

1 우리는 안녕한가?

잃어버린 장소

우리는 어떤 환경에서 살고 있는가? 어떤 삶을 누리는가? 그곳에서 우리는 안녕한가? 바쁜 걸음을 잠시 멈추고 우리 주변을 관찰하기 시작하면, 다음과 같은 의문들이 쏟아진다. 우리 도시는 어째서 그다지 아름답지 않은가? 횡단보도는 꼭 여기에 있어야만 하는가? 사람들은 서로 친해지고 있는가? 이러한 물음에 긍정적인 답을 찾기는 어렵다. 아름답지도, 편안하지도, 안전하지도 않고, 소중히 지켜야 할 이유도 떠오르지 않는 곳에 오늘 우리가 살고 있다.

우리가 사는 모든 동네의 한가운데에는 감히 발 디딜 수 없는 검은 땅이 있다. 사람들은 그 경계를 위태로이 걸으며, 오늘도 누군가는 스러져간다.

미디어에 재현된 삶의 배경 또한 우리 도시가 안녕하지 못하다는 사실을 드러낸다. 집 앞 골목을 모두의 거실로 바꿔주는 평상, 언제든 지인을 만나 속내를 터놓는 아지트 같은 술집은 지금 우리에게 결핍된, 우리가 바라마지않는 이상적인 이웃 공동체의 모습과 유대 관계 형성에 필요한 장소의 특성을 보여준다. 드라마 속 정서적 공간을 보며 느끼는 대리만족에는 우리 도시의 결핍이 전제되어 있다. 우리가 잃어버린 장소이기에 드라마를 통한 간접 체험이 효용을 창출할 수 있는 것이다. 그나마 정부와 지자체가 지속적으로 각종 보호구역을 지정하고 정비 사업을 추진하는 등 안전과 미관을 개선하기 위한 노력을 기울이고 있지만, 조금 더 안전하고 정돈된 도시 공간을 만드는 일로 모든 문제가 해결되진 않는다.

지금보다 조금 더 안전해진다고 한들 우리가 아스팔트 도로 옆을 걸어야 한다는 사실은 달라지지 않는다. 우리는 여전히 자동차를 경계하면서, 이제는 너무도 익숙해진 소음과 공해 속을 걷고 있다. 빠르게 목적지로 향할 뿐 그 어떤 감흥이나 즐거움도 기대할 수 없는 무의미한 출퇴근 길을 사람들은 앞으로도 계속 걸어야 할 것이다. 그 길은 100년이 흘러도 그곳을 지나는 이웃들에게 어떤 추억이나 가치가 담긴 소중한 장소로 기억되지는 못할 것이다.

지금 우리는, 안녕하지 못하다. 경제 규모를 포함한 거의 모든 분야에서 우리 사회가 크게 진보하였음에도 도시민의 일상이 여전히 빈곤한 이유는 우리의 일상을 담는 그릇인 '도시'가 안녕하지 못하기 때문이다. 우리가 머무는 가정과 직장의 물리적 환경은 더 나아지고 있을지언정, 그 사이에서 우리를 맞이하는 도시 공간은 여전히 열악하다. 당연히 공간에 담긴 사회적 삶의 수준이나 깊이도 풍요롭지 못하고 황폐하다. 우리의 도시는 어쩌다 이런 모습이 되었을까?

직시

평소 우리는 도시의 모습에 그다지 관심을 기울이지 않는다. 도시라는 배경보다는 그 안에 담긴 정보를 습득하는 일이 더 중요하기 때문이다. 도시 안에서 움직이는 사람과 자동차를 눈으로 좇고 간판, 물건들과 각종 표지판을 본다. 분명 그 주변의 풍경도 함께 눈에 들어오지만, 특별히 주의를 기울이지 않는다. 도시가 나에게 끼치는 영향을 실감하지 못하거나 이를 중요한 문제라고 생각하지 않기 때문이다. 일부 관심 있는 사람을 제외하면, 도시의 모습은 대중의 관심 밖에 있다. 평가할 필요가 없으므로 평가의 기준도 만들어지지 않는다. 많은 이들에게 지금의 도시는 좋을 것도 나쁠 것도 없다. 변화를 갈망하는 일부의 지속적인 노력에도 크게 변화하지 못하는 것이 어쩌면 당연하다. 하지만 그러한 무관심 속에서도 도시는 우리 삶에 지대한 영향을 끼친다. 단순히 눈으로 보기에 아름답다거나 혼잡하다는 감상을 넘어 행동을 변화시키고 우리를 다른 사람으로 만든다. 그러므로 우리는 의심해야 한다. 무의식적으로 당연하게 받아들여 왔던, 혹은 어쩔 수 없다고 외면했던 도시의 모습을 의식하고 평가해야 한다. 도시가 개선되면 우리의 삶도 나아진다.

당연하게 여겨왔던 도시의 모습.

2 건물의 바깥

도시의 본질

도시의 모습을 평가하기로 마음먹었다면 도시의 어느 부분에 주목해야 할까? 도시의 본질은 어디에 있을까? 도시에서 눈에 띄는 것은 단연 건물이다. 그래서인지 건물은 문제의 근원이자 가장 먼저 개선해야 할 대상으로 다뤄지곤 한다. 도시 경관을 위해 건물 외관을 규제하거나, 가로변 휴게 공간 확보와 같은 도시의 공적인 책무를 건축주에게 부담시키는 제도(공개공지 설치의무)가 그러한 인식을 보여준다.

도시의 본질이 '건물의 집합'이라면 지금처럼 건물을 문제 삼고 그 건축 과정을 들여다보면서 문제 해결의 실마리를 찾을 수도 있을 것이다. 그러나 건물은 도시 조성과 관련된 일체의 제도가 만들어낸 결과물의 하나지 문제의 근본적인 원인은 아니다. 게다가 도시를 개선하기 위한 여러 노력은 대부분 아파트의 외관 변경과 같은 무용한 일에 소모되고 있다. 그러나 아파트는 어디까지나 건축물로서 도시계획이 만들어 놓은 규칙에 따라 그 모습을 드러낼 뿐이다. 도시 문제의 해결 측면에서 아파트 외관을 차별화하고 세련되게 만드는 것은 환자에게 분칠을 하는 행위 이상도 이하도 아니다.

때로 청사 등 공공건축물이 매스컴을 타고 지탄의 대상이 되기도 한다. 화려하다거나 남루하다거나 권위적이라거나 이유는 그때마다 다르지만 비난 속에 담긴 도시에 대한 문제의식을 엿볼 수 있다. 공공건축은 마땅히 혁신해야 한다. 다만 그 외부 효과가 도시까지 혁신할 것이라 기대하긴 어렵다. 그 외 상업 건축이나 단독주택에 연관된 사안도 있으나 도시 문제의 원인 대다수는 건물에 있지 않을뿐더러, 설령 건물을 통해 일부 문제를 개선할 수 있더라도 공적인 도시 문제를 개별적이고 사적인 건축의 영역에 부담시키는 일은 바람직하지 않다. 그런데도 현재 지구단위계획과 건축법상의 각종 공지 요건, 건축위원회 심의 등이 그러한 역할을 수행한다. 건물이 도시 문제의 원인이 아니라면 도시 문제의 본질은 무엇일까? 더 나은 도시를 위해 우리는 무엇을 문제 삼아야 할까?

건물의 바깥

우리가 살아가는 곳은 크게 건물과 그 바깥으로 나뉜다. 사람들의 집과 일터가 되는 수많은 건물은 제각기 이용자가 다르지만, 건물의 바깥은 모든 시민이 함께 사용한다. 모두가 공유하는 이 영역은 물리적으로 접근 가능한 공간을 넘어 시각적, 관념적으로 인지되는 공간까지 포함한다. 즉 '건물의 바깥'은 도로나 공원 같은 공공공간뿐 아니라 공공공간과 건물 사이, 그리고 건물 외벽 면에 이르기까지 겉으로 드러나는 모든 부분을 포괄한다.

건물의 바깥은 공적 영역과 사적 영역의 구분에 얽매이지 않는다. 사유지의 건물도 그 외부는 사람들에게 노출되고 도시의 인상image을 만드는 데 일조한다. 도로와 건물, 건물과 건물 사이를 구분하는 어떤 행정적 경계선이나 울타리도 우리의 시선이 사유지 안의 공간과 건물 외벽에 닿는 것을 막을 순 없다. 자연히 사람은 건물 밖으로 드러난 모든 영역을 도시 공간으로 인지한다. 들어갈 수는 없어도 밖에서 들여다보이는 울타리 안의 사유 공간은 그 너머의 공공공간과 시각적으로 통합되어 하나의 도시경관을 구성한다. 그렇게 만들어진 풍경이 도시의 얼굴이 되고 그 안에서 살아가는 우리 삶의 배경을 이룬다.

우리가 특정한 도시를 생각할 때 주로 떠올리는 풍경도 건물의 바깥이다. 건물의 바깥은 시각적인 미추의 차원을 넘어 우리 모두의 삶과 관계에 지대한 영향을 끼친다. 사람들은 매일 저마다의 사적 공간에서 빗장을 열고 건물의 바깥으로 나선다. 건물의 바깥은 새로운 사람과 사건을 만나는 모험의 장이다. 그곳에서 개개인은 삶의 외연을 넓히고 사회는 두텁게 얽힌다. 건물의 바깥이 차갑고 위험하다면 사람들의 모험은 투쟁과 스트레스로 가득하겠지만 따뜻하고 안전한 공간이라면 미소와 인사를 준비하는 일만으로 충분할 것이다. 우리가 매일 마주하는 바깥은 어느 쪽에 가까운가?

공적인 측면에서 도시의 본질은 건물의 바깥이며 우리 사회에서 가장 공공성이 강한 업무 중 하나인 도시계획은 이상적인 건물의 바깥을 조성하는 일이 되어야 한다. 그리고 건물은 도시의 조연으로서 도시를 위한 건물의 바깥을 만드는 데 이바지해야 한다. 정리하자면 도시의 요체는 건물의 바깥을 구성하는 모든 공적 공간의 집합이며 이를 직시하는 것이 올바른 도시계획으로 가는 첫걸음이다.

이상적인 건물의 바깥.
오스트리아 비엔나의 마리아힐퍼 거리.

3 빼앗긴 건물의 바깥

길을 잃은 사람들

건물의 바깥을 이루는 여러 요소 중 가장 중요한 부분은 '길'이다. 도시의 혈관인 길 위에서 사람들은 건물의 바깥을 영위한다. 길이 어떻게 만들어졌느냐가 건물의 바깥, 즉 도시의 수준을 결정한다. 과거에 길은 사람들이 오가는 '통로'이자 머무는 '장소'였다. 사람들은 길 위에서 누군가를 만나 이야기하고, 평상이나 의자를 두고 모여 앉아 쉬었으며, 아이들은 놀이판을 바닥에 그려가며 뛰어놀았다. 그러나 자동차가 등장하면서 사람들은 길의 중앙을 자동차에게 넘겨주고 가장자리로 밀려나게 된다. 보행로와 차도의 구분이 없는 길에서 보행자가 길 가장자리로 통행해야 한다는 것은 무려 국회에서 정한(도로교통법 제8조) 사항이다. 그나마 최근 법 개정을 통해 중앙선이 없으면 어디로든 통행할 수 있게 되었지만 '고의로 차마의 진행을 방해하면 안 된다'는 단서가 달려있다. 여전히 사람은 차가 오면 비켜야 한다는 뜻으로 읽힌다.

과거의 길이 모든 이웃을 위한 장소로 다양하게 활용되었던 것과 달리, 지금 우리가 만드는 길은 사람이나 자동차의 통행을 위해서만 사용된다. 이웃과 함께 사용하던 공동체의 터전이 통행이라는 단일 목적에만 얽매이는 도구가 된 것이다. 더 나아가 도시계획가가 가장 중요하게 여기는 이동수단인 자동차를 위해 사람들은 길 가장자리로 비켜나야 할 장애물이 되었다. 결국 찻길의 부록쯤으로 전락한 사람의 길은 차의 쾌적한 통행을 방해하지 않도록 구불구불 꺾이고 휘었다.

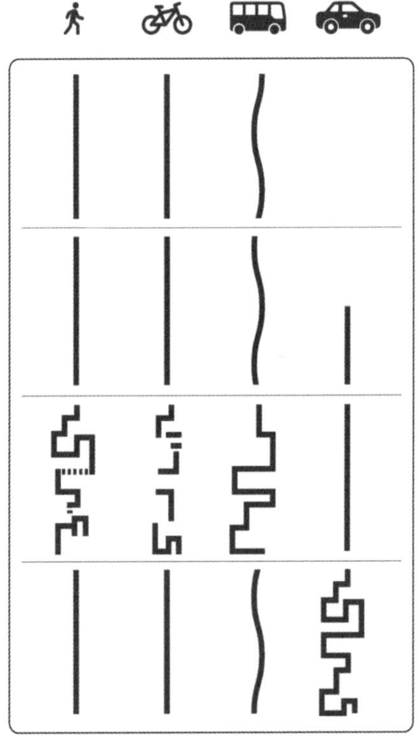

1920년 이전: 압축 도시
보행과 자전거가 주요 교통수단이며, 대중교통이 사람들의 이동에 큰 역할을 했다.

1920 ~ 1950년
여전히 보행과 자전거, 대중교통이 가장 중요한 이동 수단이다. 새롭게 등장한 자동차도 기존 도시구조에 순응해야 했다.

1950년 이후: 자동차 중심 도시
도시계획에서 자동차를 우선시하며, 다른 이동 수단은 자동차에 종속되어 순응해야 했다.

살기 좋은 도시를 만드는 계획
살기 좋은 환경을 만들기 위해서는 지속가능한 교통수단이 우선시되어야 한다.

자동차의 등장과 길의 변화.
자동차가 등장하며 차도가 도시계획의 우선권을 차지하자, 사람과 자전거와 버스의 길은 부차적인 굽은 길로 변했다. 살기 좋은 도시를 위해서는 우선권을 되돌려 놓아야 한다.

자동차의 매끄러운 우회전을 담보하는 곡선 차로와 자투리 공간에서 보행 신호를 기다리는 사람들이 대비된다.

사람의 길과 자동차의 길이 같은 공간을 두고 경합할 때 우리 도시가 이를 어떤 식으로 처리하는지를 들여다보자. 우리가 처한 환경과 그 환경을 구축한 도시계획에 담긴 인본주의의 수준을 엿볼 수 있다. 지금의 도시 환경에선 사람보다 자동차를 우선하는 태도가 여실히 드러난다. 도시 안에서 차와 사람의 길이 맞닥트릴 때, 힘겹게 먼 길을 돌며 양보해야 하는 것은 사람이다.

도로 위에 설치하는 보행 육교가 하나의 예시다. 물론 보행 육교에 비해 고가도로는 너무 비싸고 덩치가 크기 때문에 어쩔 수 없는 선택이라고 변명할 수 있지만, 애초에 횡단보도를 택하지 않은 것은 차를 멈추게 하고 싶지 않았기 때문이다. 이뿐 아니라 겨울철에는 차도에만 제설 작업이 이루어지기도 한다. 인도에 쌓인 눈도 치워 달라 민원을 넣으니 예산이 없단다. 자전거도 눈길을 달릴 순 없다. 보행자는 종종걸음을 놓아야 하고 특히 노약자는 낙상의 위험이 있다. 도로의 주인은 자동차라는 관념이 우리 사회에 팽배하다는 사실이 이러한 현장 행정에서 드러난다.

차도에 밀려 결국 하늘로 솟아오른 보행로.

눈이 쌓인 자전거도로와 인도.

차가 없는 사람은 건물 밖으로 발을 내딛는 순간부터 불이익을 감수해야 한다. 차를 운행할 수 없는 저소득층·청소년·노약자 등은 이미 이동의 권리에 차별과 제약을 받고 있다. 우리 사회가 별다른 논의도 없이, 너무도 당연한 일처럼 자동차에 안방(길)을 내어준 탓에 길을 점령한 자동차는 그 위에 존재하던 모든 유대 관계와 어울림, 미약하게 남아 있던 주변 공간(보도)의 장소성마저 훼손했다. 이제 우리는 우리에게 공동의 안방이 있었다는 사실 자체를 망각한 채 제대로 된 의심 한번 없이 지금껏 묵묵히 그 대가를 치르는 중이다. 이러한 환경에서 나고 자라온 세대에겐 이 도시의 모습이 당연하게 느껴질 것이다.

오늘도 100명에 가까운 사람들이 길을 걷다 교통사고를 당하고, 그 중 두세 명은 영영 가족의 품으로 돌아가지 못한다. 게다가 보행 중 교통사고 사망자의 60퍼센트는 거동이 어려운 노인이다.[1] 이것이 오늘 우리가 걷는 '길'의 현실이자 우리가 이룩한 '교통 효율'의 대가다. 문제를 해결하고 장소를 되찾기 위해서는 보행자나 운전자의 준법 의식을 탓하기 전에 도시의 구조를 의심해야 한다.

차도road의 도시

장소의 중요성에 대한 인식의 부재가 도시 개발에 끼친 영향은 참담한 수준이다. 대단지 아파트 위주의 필지 구획과 차도 중심의 교통계획이 결합한 신도시를 보노라면 차도를 내는 것이 도시계획의 시작과 끝이라 해도 과언이 아니다. 구도심이나 교외도 마찬가지다. 늘어난 자동차 통행을 수용하기 위해 새로운 길을 만들기보다는 기존의 길을 포장하고 확장하는 방식을 사용하다 보니, 길 위에서 벌어지던 다양한 활동은 아스팔트 아래로 사라지고 길은 오로지 자동차 통행을 위한 공간으로 변했다. 그 결과 동네 사람들이 함께 어울리던 마을의 가장 중요한 장소가 일순간 자취를 감추었다.

마을을 관통하는 차도. 마을 중심을 지나는 차도의 갓길에서 노인들이 위태로운 휴식을 취하고 있다.
새로운 길에서는 예전처럼 아이가 현관문을 열고 뛰어나올 수 없다.
'차 조심'하라는 말이 입에 붙을 수밖에 없다.

물론 잘 닦인 차도는 지역 간의 연결성과 이동 편의성을 획기적으로 높여주는 현대 사회의 필수 요소다. 다만 그것을 확충하는 과정에서 보행자의 길을 차에게 내어주는 쉽고 편리한 방법을 선택함으로써 정작 마을에서 제일 중요한 공간을 영원히 빼앗겼다는 점은 사람들이 미처 알아차리지 못한다. 집 앞의 쉼터를 빼앗긴 이들은 쉼터의 흔적이 남아 있는 다른 마을과 골목으로 관광을 떠난다.

↑ 삶터의 흔적을 간직한 익선동.

↓ 골목을 모사하는 카페. 상업 공간은 대중의 욕구에 가장 민감하다.

4 방치된 건물의 바깥

주인 없는 공간들

상황이 이렇다면 자동차에 빼앗긴 부분을 제외한 나머지라도 잘 가꾸고 활용해야 하지만 그마저도 제대로 관리하지 않는 경우가 많다. 건물들은 각각의 건물주가 만들고 관리하는데, 건물의 바깥은 누가 어떻게 만들고 관리하는 것일까? 건물의 바깥 중 도로와 공원, 광장처럼 지자체가 소유하고 관리하는 영역이라면 일정 수준의 관리 품질을 기대할 수 있다. 하지만 개별 사유지는 관리 주체가 제각각일 수밖에 없고, 그러한 부분이 모여 만들어진 외부 공간 전체의 완성도나 관리 상태는 조악해지기 쉽다. 장소의 형성, 보행 흐름, 경관 등 여러 측면에서 정부가 조성하는 공공공간보다 사유지의 준semi공공공간이 도시 공간 환경에 미치는 영향력이 커지고 있지만,[2] 체계적인 관리는 오히려 기대하기 어려운 상황이다.

관리가 어려운 사유지에 공적인 역할을 부여하는 불합리한 상황의 원인은 바로 건축법에 있다. 건축주는 건물을 도로나 옆 대지에 바짝 붙여 지을 수 없다. 건축법*에 따라 대지의 경계선에서 일정 거리 만큼의 공간을 비워두어야 한다. 이렇게 건물 앞 도로 쪽으로 비워둔 공간을 전면공지라고 한다. 비워둔 공간이 도로를 따라 늘어서면 인도가 넓어진 듯한 효과를 내지만 건물마다 땅의 주인이 달라 완성도와 관리 상태에 일관성이 없다. 물건을 쌓아 두거나 나무로 데크를 만들어 영업 공간으로 활용하기도 한다. 특히 경사진 도로에 면한 건물들은 기울어진 땅을 저마다의 방식으로 처리하기 때문에 최초 조성 단계부터 엉망이 되기 쉽다. 구도심의 좁은 도로를 넓히려는 의도라면 경관·화재 피난·통풍·통행 등을 위해 사유지에서 공간을 확보하려는 '대지 안의 공지' 규정을 어느 정도 이해할 수 있다. 그러나 도시를 새롭게 계획할 때는 처음부터 인도를 넓게 확보하고 건축물을 최대한 인도에 붙이는 것이 공공공간의 일관성과 관리 수준을 높이는 방법이다. 하지만 신도시에 대한 예외 규정

* 건축법 제58조 대지 안의 공지.

은 없다. 필지를 분양받는 건축주가 도시를 위해 내어놓아야 하는 전면공지 면적의 값까지 함께 치르는 것도 이치에 맞지 않는다. 가용 면적에 비해 비싼 토지 가격은 결국 시민의 부담으로 돌아온다.

측면인 '건물 사이의 공간'은 문제가 더 심각하다. 이렇듯 전면공지나 건물의 사이는 인접한 공공 영역과 통합된 공간을 만들고자 하는 본래의 도시 계획 목표를 충족시키지 못하고 물리적, 시각적으로 파편화된다. 공들여 조성했지만 이후의 관리가 제대로 이루어지지 않는 사례도 많다.

특히 집합 상가처럼 건물을 만든 주체가 개별 상가를 모두 제3자에게 매각(분양)하고 빠져나간 경우에는 외부 공간에 대한 주인의식이나 관리 책임감이 분산된다. 이렇게 건축법의 대지 안의 공지나 지구단위계획의 건축한계선*을 통해 사유지 일부를 내어놓게 하고, 관리마저 개인에게 떠넘기는 지금의 관행적 도시계획은 문제의 씨앗을 심는 것과 다름없다.

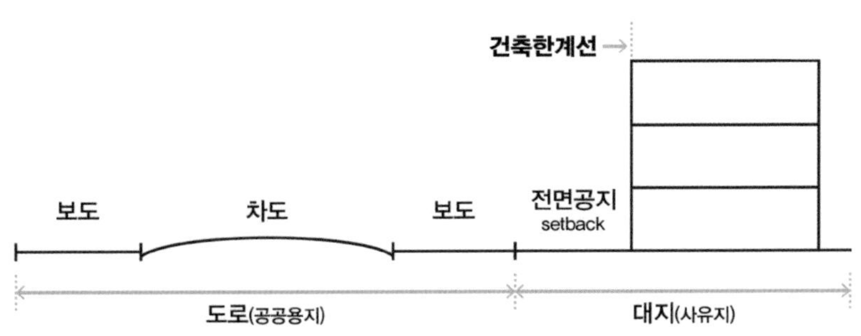

건축한계선

* 지구단위계획에서 그 선의 수직면을 넘어서 건축물 지상부의 외벽 면이 돌출되어서는 아니 되는 선을 말한다. 도로에 있는 사람이 개방감을 가질 수 있도록 건축물을 도로에서 일정 거리 후퇴시켜 건축하게 할 필요가 있는 곳에 지정한다. 국토교통부 토지이음 용어사전 참고.

전면공지가 기울면서 데크로 덮인 일부는 보도와 분리되었다.
통합된 공간을 창출한다는 전면공지의 취지가 무색하다.

머물고 싶지 않은 건물의 사이 공간.

II 안녕으로 가는 길

5 공공공간의 사명

장소place로서의 공간

지금 우리를 둘러싼 도시 공간의 안타까운 현실은 잠시 접어두고 공공을 위한 공간으로서 건물의 바깥이 가진 잠재력을 살펴보자. 도시나 건축 관련 저술에서 가장 많이 등장하는 단어 중 하나가 '장소성sense of place'이다. 도시나 건축물에 어떤 공간이 존재하는 것만으로 충분하지 않고, 그 공간이 어떤 활동의 배경인 장소place가 되어야 한다는 뜻이다. 장소는 의미가 부여된 공간이다.[3] 그렇다면 지금 우리 도시의 공공공간은 장소로서 우리의 삶에 어떤 의미를 부여하고 있을까? 공공이 큰 비용을 들여 도시를 계획하고 만들면서 그 일부를 공원이나 광장 같은 빈 공간으로 할애하는 일이 타성적인 관행의 결과물이 되어서는 안 된다. 누구에게나 열려 있고 차량 통행과 같은 도구적 목적이 부여되지 않은 공공공간이야말로 모든 시민을 위한 휴식처이자 교류의 장으로서 시민 사회의 터전이 될 수 있다. 또한 공공공간은 도시의 모습appearance이자 성격character 그 자체로, 도시에서 사람들이 만나고 어울리는 방식을 결정하고 드러낸다. 공공공간은 이처럼 중요한 역할에 걸맞은 특별한 장소가 되어야 한다. 그러므로 도시의 공공공간을 만드는 일에는 그 공간을 장소로 만드는 계획과 설계가 꼭 필요하다. 공공공간이 장소성을 가져야만 목적에 맞는 역할을 비로소 감당할 수 있다.

공동체의 형성

장소가 된 공공공간의 역할 중 하나는 사람들을 엮어주는 일이다. 모여서 대화를 나눌 만한 장소가 존재할 때 사람들은 비로소 소통을 시작한다. 사람들은 소통하며 개인의 집합을 넘어서는 공동체를 이루고 공동체 안에서 진보해 나갈 수 있다. 조금 더 구체적으로 살펴보면 길이라는 공간을 공유하며 일상을 보내는 사람들은 그 장소에서의 경험 또한 공유한다. 이때 '경험을 공유하는 행위'로서의 소통은 단순한 정보 전달을 넘어 공동체를 형성한다. 즉, 장소가 제공하는 '공유된 경험'이 공동체를 만들고 이를 통해 우리는 무언가 이룩해 나갈 수 있다.[4]

동시에 장소는 여론을 형성하는 무대이기도 하다. 장소가 된 길이나 동네의 작은 광장처럼 일상의 열린 영역open space에서 일어나는 만남과 소통은 민주주의의 기반을 다지는 데도 보탬이 된다. 소통은 개개인의 불완전한 의견opinions을 이성적이고 합리적인 여론public opinion으로 전환하기 때문이다. 일견 비합리적이고 즉흥적으로 보이는 자유로운 대화나 잡담의 반복에서 점차 이성rationality과 사회적인 합리성이 생겨나는 것이다.[5] 그러므로 도시계획의 가장 중요한 책무는 도시 안의 공간과 장소가 가진 이러한 잠재력을 끌어내는 일이다. 그러나 아파트단지의 주차장에서 일터의 주차장으로 가는 길 위에서 우리는 아무것도 공유할communicate 수 없다.

자동차에 갇혀 서로 소통할 수 없는 길 위의 사람들.

차가 많지 않던 과거의 길은 이동 통로이자 사람들이 만나고 머무는 '장소'였다. 마을에 누가 이사를 오면 마을 사람들이 공유하던 장소를 함께 사용하게 된다. 어제까지는 서로 모르는 사이였지만 떡을 돌리고 인사를 나누며 마을 공동체의 일원이 된다. 어느 집부터 어느 집까지가 우리 마을이라고 정해놓은 것은 없지만 함께 쓰는 길과 골목들을 떠올리며 마음속에 대강의 윤곽을 그릴 수 있었다. 집배원이나 행상 등 매일같이 마을을 오가며 인사 나누는 이가 있다면 마을 공동체에 한 발쯤은 걸치고 있는 셈이다. 장소를 공유하는 것이 공동체의 일원이 되는 조건이었다.

이웃과 좀처럼 마주칠 일이 없는 지금의 도시에도 여기저기 빈 공간은 많지만 정작 사람들을 공동체로 엮어줄 '장소'는 없다. 제아무리 붙어 살아도 공유하는 공간이 없으니 볼일 없는 사이로 남는다. 저출생 위기에서 장소가 없는 우리 도시의 황폐함을 마주하면 '아이 하나를 키우려면 온 마을이 필요하다'는 아프리카 속담이 뼈아프게 다가온다. 우리가 마을을 지워버렸기 때문이다. 지난 일은 안타깝지만 손 놓고 가만히 있을 수는 없다. 잃어버린 장소를 알아차리는 것에서부터 변곡점을 만들어낼 수 있다. 장소를 그리면 마을은 돌아온다.

정체성의 기반

공간은 기억을, 기억은 이야기를, 이야기는 사람을 만든다. 도시에 장소가 필요한 또 다른 이유는 '삶을 기록하는 매개체'이기 때문이다. 장소에는 우리의 삶이 묻어 있다. 우리의 과거를 형성하는 기억들은 주로 물리적인 장소와 결합하여 강화된다. 즉, 어떤 경험이 기억으로 남는 과정에서 당시의 물리적 환경은 뇌가 기억을 강화하는 데 큰 영향을 미친다. 건축물·경관·도시와 같은 건조 환경built environment은 우리의 개인적 기억과 그에 기반한 자아 정체성 형성에 매우 중요한 역할을 한다.[6] 장소는 우리가 누군가를 만나고 즐거워하고 슬퍼하며 성장해 온 모든 삶을 기록하며, 또 그 기록들을 추억하게 하는 매개체가 된다. 친구들과 뛰어놀며 유년 시절을 보낸 어떤 골목길이 두고두고 회상할 수 있는 소중한 고향이 되는 것처럼, 오랜 기간 주민들의 삶을 조금씩 축적해 온 장소는 이를 공유하는 사람들의 정서적 안식처가 된다. 한 지역의 사람들이 크고 작은 사건에 대한 기억을 공유하며 서로 애착관계를 형성하고 정서적으로 기댈 수 있도록 구심점 역할을 하는 것이 바로 장소가 된 공간이다.

어느 도시에 아무리 오래 살았다 하더라도 그곳에 장소가 없다면 우리 모두는 그곳에서 영원히 이방인일 수밖에 없다. 도시 곳곳에 열린 공간이 마련되어 있다 한들 사람들이 좀처럼 그곳에 찾아오거나 머물지 않는다면, 시민들은 매일 집과 직장을 오가면서도 같은 마을에 사는 이웃과 마주치거나 친해지기 어렵다. 마을 안에 장소가 된 공간이 없다면 저마다의 가족과 동창, 직장 동료는 있을지언정 이웃 간에 우정과 신뢰가 자라나고 서로의 삶을 조금씩 공유하며 살아가는 일은 생기지 않는다. 이웃과 함께하는 작은 일상, 그 기억을 담아둘 장소가 없었기 때문에 더불어 사는 삶이 뿌리내리지 못한 것이다.

길이나 공터·공원·광장처럼 우리 주변 곳곳에 이미 자리한 공공공간이 장소가 되지 못한 이유는 무엇일까? 아마도 그 공간의 위치가 사람들의 일상과 동떨어져 있기 때문일 것이다. 단지화된 아파트에서만 나고 자란 아이들에게 고향으로 각인될 만한 외부 공간은 단지 내 공원과 놀이터, 혹은 단지 앞 도로변 정도일 것이다. 하지만 그런 장소들은 사람들의 일상적 경로와 동떨어져 있거나 교류가 발생하기 어려운 곳이다.

의도하지 않았으나 결과적으로 사람들이 머물고 만나고 모일 수 없게 된 우리 도시에서는 건축물 밖에서 자연스러운 일상의 교류가 일어나기 힘들다. 사람들의 교류가 만들어내는 도시 활동은 부족하고 기억에 남을 만한 즐거운 일은 좀처럼 생기지 않는다. 사람들은 모여 살지만 그 무대인 도시 공간은 사람들의 기억에 각인되지 않는다. 그렇게 우리의 도시는 누군가의 고향이 되지 못하며 애향심도 기대할 수 없고 사람들을 뿌리내리게 할 수도 없다. 지금 우리의 도시는 그저 집과 일터가 있는 기계일 뿐이다. 우리의 삶이 묻어 있지 않은 공간에 애정이 담기지 않는 것은 당연한 일이다. 그래서 우리는 자라온 곳을 떠나 이 아파트에서 저 아파트로 쉽게 이사하고, 이웃집의 소음을 용납할 수 없고, 재개발로 내가 살던 동네가 사라지는 일이 그다지 서운하지 않은 것일지도 모른다.

인간을 경제활동의 요소로서 수치적, 도구적 관점으로만 바라본다면 지금의 도시에 별다른 불만이 없을 수도 있겠다. 그러나 우리의 삶터는 그 이상의 의미와 가치를 창출해야 한다. 이는 사회적, 경제적으로도 큰 효용을 만들어낸다. 우리는 부대끼며 살아야 한다. 분명 그것이 더 인간다운 삶이고, 우리는 그러한 삶을 누릴 자격이 있다.

도시의 정체성을 표출하는 공공공간. 런던, 베를린.

휴식과 교류의 장인 공공공간. 튀빙겐, 피엔차.

6 공간의 힘

가상 공간의 한계

1990년대 말 인터넷이 급속도로 확산되면서 사회적인 대화와 소통의 수준이 한 단계 격상될 것이라 기대하는 이들이 많았다. 공간적 제약을 넘어 언제 어디서든 수많은 이와 간편하게 의견을 주고받을 수 있게 되었기 때문이다. 그러나 이같은 편리함이 실상은 취사선택의 용이함으로 이어져 필터 버블filter bubble, 에코 챔버echo chamber로 대변되는 불통과 갈등의 부작용을 낳고 있다. 인터넷은 무궁무진한 연결과 소통의 가능성을 갖고 있지만, 실제 사람을 마주하고 있을 때와 비교하면 온라인에서는 자신과 다른 의견을 회피하기가 훨씬 용이하다. 이러한 특성은 가상 공간에서 사람들이 다른 생각을 나누고 애써 접점을 찾기보다는 의견이 같은 사람들끼리 배타적인 커뮤니티를 형성하는 결과를 초래했다. 그렇게 집단 간 의견 차이는 오히려 증폭되고 대립은 한층 첨예해졌다.

Covid19가 불러온 비대면untact 사회를 맞이하며 전 세계 사람들은 재택근무와 화상회의, 사회적 거리두기 등으로 삶의 방식에 큰 변화를 겪었다. 많은 이는 변화된 생활 방식이 앞으로 고착화될 것으로 예상하였고 도시·건축 분야에서도 비대면 사회를 대비한 검토가 다수 이루어졌다. 그러나 코로나 종식 이후 전 세계가 다시 대면 사회로 복귀하는 데는 긴 시간이 필요하지 않았다. 사람의 마음은 신체에, 신체는 물리적 공간에 결부되어 있다. 빠르게 변하는 세상 속에서도 물리적 공간과 장소는 사람들에게 여전히 중요하며 앞으로도 그러할 것이다.

더 나은 공간이 필요한 이유

'사람은 건물을 만들고, 건물은 사람을 만든다We shape our buildings; thereafter they shape us.'라는 처칠의 명언처럼 건조 환경은 우리에게 많은 영향을 미친다. 심지어 사람들은 자신이 처한 건조 환경에 따라 다른 사람으로 변화한다. 국내외의 많은 연구가 이러한 사실을 뒷받침한다.

미국의 건축 평론가이자 하버드 대학에서 교수로 재직한 세라 W. 골드헤이건은 『공간혁명』을 통해 건축 환경이 인간에게 미치는 다양하고 중대한 영향을 소개한다. 책에 따르면 주변 환경은 1차적으로 감정·행동·행복·자아 형성 등에 큰 영향을 주며 장기적으로 사람을 변화시키고 형성시키는 힘이 있다. 무엇을 경험하는지에 따라 사람의 뇌가 계속해서 바뀌기 때문이다. 구체적인 예시로 학생들의 학습 진도는 건축 환경에 따라 무려 평균 '25퍼센트'의 차이를 보이며, 천장이 높은 방은 사람들을 창의적으로 만든다. 붉은색 방에서 시험을 보면 낮은 점수가 나오고, 하늘색 천장 아래에서 IQ 검사를 받으면 높은 수치가 나온다.

> "건축 환경은 우리의 자아 정체성과 타인에 대한 개념을 구성하고,
> 우리 자신과 과거를 형성하고, 혼자 또는 남들과 함께 이 세상을
> 살아가는 방식을 결정하는 데도 '능동적이고 중심적인' 역할을 한다."[7]

모든 일은 마음먹기에 달렸다거나 강인한 정신력이 있다면 모든 악조건을 극복할 수 있다는 사고방식의 근간에는 데카르트의 정신mind−신체 이원론이 자리한다. 하지만 인간의 마음mind은 신체에 기반하며, 마음은 비언어적 차원인 의식 아래에서 신체가 놓인 환경에 결부되고 반응한다. 또한 사회적 측면에서도 사람들의 개인적, 심리적 특성보다 해당 시점에 사람들이 처한 물리적 환경이나 활동 무대action setting를 통해 그들의 행동을 더욱 정확하게 예측할 수 있다. 이처럼 우리의 심신은 외부 환경으로부터 독립적인 존재로 자신을 유지하지 않는다. 우리의 정신은 몸에 바탕을 두고embodied mind 환경과 적극적으로 상호 작용하며 스스로를 만들어autopoiesis간다.[8] 그러므로 신체의 물리적 경계인 건조 환경과 일상의 경험은 우리를 형성하는 중요한 조건이다.

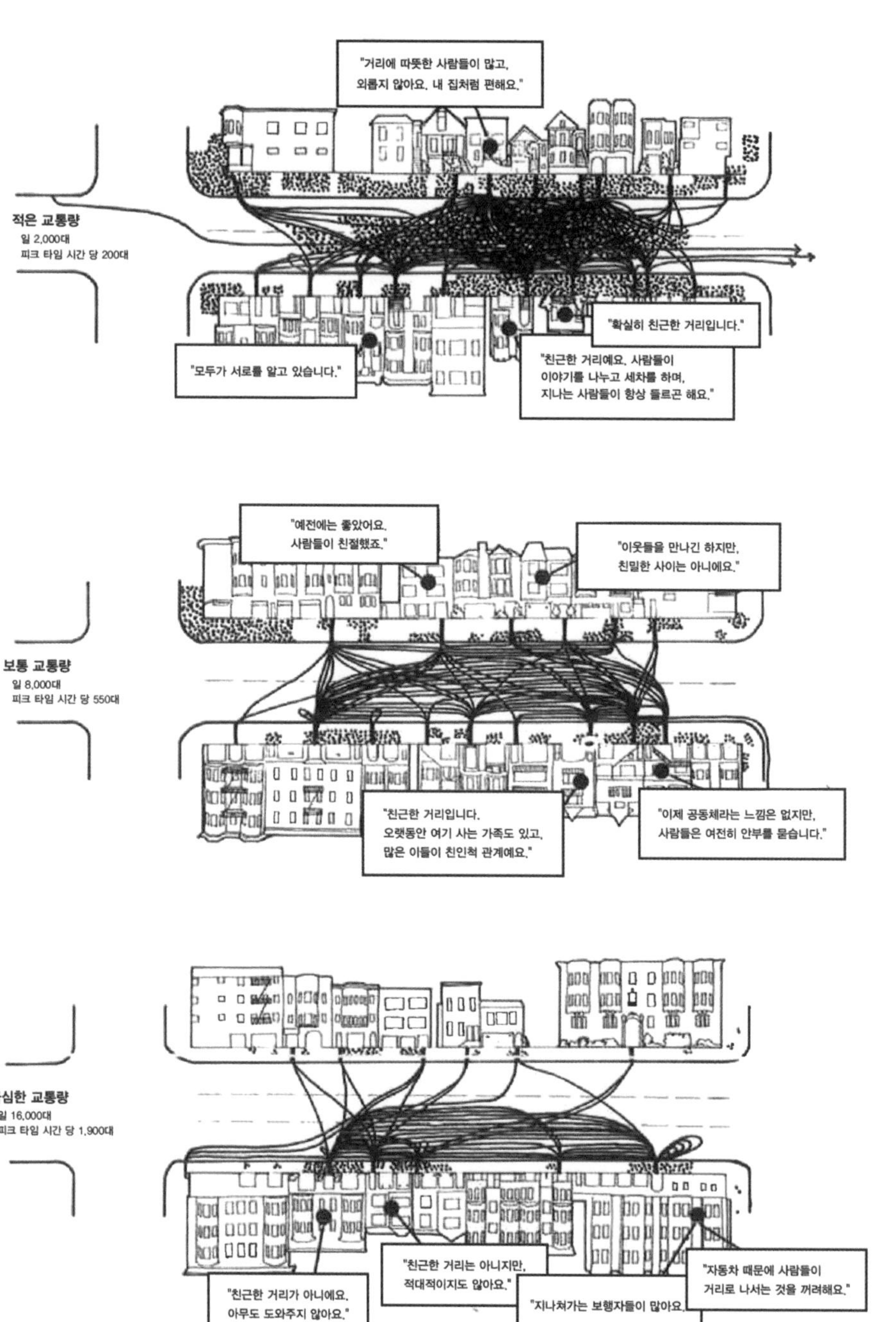

도시 가로 환경의 품질(교통량)에 따른 주민의 관점

1969년 샌프란시스코 도시계획부의 의뢰에 따라, UC버클리의 도널드 애플야드와 마크 린텔은 가로의 자동차 교통량이 지역 거주민에게 미치는 영향을 연구하였다. 교통량 외에 다른 조건이 비슷한 세 지역은 이웃 관계 측면에서 다른 양상을 보인다. 교통량이 적은 가로에서는 사회적 교류가 활발하게 일어나는 데 비하여, 교통이 매우 혼잡한 가로에서는 보도가 집과 목적지 간의 이동 공간으로만 이용되었다. 가로 유형에 따라 이웃 관계에 대한 거주민의 응답에 차이가 나타나는 것을 앞의 그림에서 확인할 수 있다. 그림에서 연결선은 응답자의 친구나 지인이 있는 곳을, 점은 사람들이 모이는 장소를 나타낸다. 다른 조건이 유사할 때 자동차 통행량이 적은 가로에서는 이웃 간 친밀한 관계가 형성되지만, 통행량이 많아질수록 만남은 줄어들고 서로에게 무관심해진다.[9]

2016년 동아일보 취재팀과 세종대 스페이스신택스연구소는 서울 지역 길이 1km 이내의 동네 길 전체를 공동으로 분석했다. 길이 비교적 잘 보존된 곳과 그렇지 않은 곳의 이웃 관계망을 비교했더니, 격자형 간선도로의 뒷골목 주택가나 고층 아파트단지는 교류가 적고 고립도가 높았다. 상대적으로 낙후했지만 좁은 옛길이 보존된 동네에선 차의 통행이 적고 길에서 이웃집 대문이 보여 서로 마주치기 좋은 구조 덕분에 이웃 간 교류가 활발하고 관계망이 탄탄했다. 후자의 주민들은 '마을버스를 타러 내려가거나 큰길로 나가려면 수많은 이웃과 마주칠 수밖에 없고, 얼굴을 자주 보다 보니 근황을 주고받게 되고 큰일이라도 생기면 옆집에서 금세 눈치를 챌 수밖에 없다'라고 응답했다.[10]

이웃 간의 유대 관계는 자살률에도 영향을 미친다. 영구임대아파트는 판자촌보다 주거 환경이 더 양호하고 거주자 소득도 높지만, 자살률은 오히려 영구임대아파트(10만 명당 39.21명)가 판자촌(10만 명당 29.82명)보다 더 높게 나타났다. 연구팀은 영구임대아파트 내 소통 공간 부족과 사람들이 마주치기 어려운 건물 배치를 원인으로 꼽았다.[11]

미국의 사회학자이자 도시 연구가인 에릭 클라이넨버그 교수는 자연

재해로 인한 비극에도 사회적 요인이 작용한다고 보았다. 그는 무려 739명의 사망자를 초래한 시카고 폭염 사태를 단순한 자연재해가 아니라 응집력을 상실한 지역사회가 차마 위기를 극복해내지 못한 사회적 비극으로 해석했다. 『도시는 어떻게 삶을 바꾸는가』에서 그는 사람들이 직접 마주하고 교류할 수 있는 양질의 사회적 기반 시설이 사회적 고립·범죄·교육·보건·양극화·기후변화 등의 문제를 어떻게 완화하는지 설명한다. 사회적 기반 시설은 사회적 자본social capital의 발달을 결정 짓는 물리적 환경이며, 사람들은 건전한 사회적 기반 시설을 갖춘 장소에서 자연스럽게 교류하며 유대 관계를 형성한다. 사회적 기반 시설은 사람들의 교류와 상호 지지 등을 북돋우며, 이러한 유대 관계는 인구 감소나 기후 재난과 같은 위기를 극복할 수 있는 지역사회의 저력이 된다. 지역마다 공동체에 대한 가치관이 달라 그것이 유대 관계의 차이로 나타나는 것이 아니다. 특별한 노력 없이도 자연스럽게 일상에서 가벼운 교류가 일어나도록 만드는 물리적인 환경이 그 사회의 유대 관계 수준을 결정하고 지역민의 안전과 건강, 수명에 이르는 중대한 차이를 만들어낸다. 경제 발전을 제외한다면 일반적으로 시민 사회를 재건하고 사회적 번영을 달성하기 위한 방법으로써 거론되는 것은 기술적인 접근법technocracy과 자발적 결사체를 중심으로 하는 시민적인 접근법이지만, 둘 다 완전한 해결책은 아니다. 이를 보완하여 분열된 사회를 수리할 수 있는 가장 좋은 열쇠는 사람들이 모일 수 있는 장소를 건설하는 것, 즉 사회적 인프라를 확충하는 일이다.[12]

명지대학교 건축학부 박인석 교수는 아파트단지가 우리 사회에 초래한 다양한 차원의 문제점을 밝혀낸 바 있다. 그에 따르면 획일화되지 않은 개인들의 사적 활동이 공공 영역에서 부딪히고 살아 꿈틀댈 때 일상적 삶이 건전하고 합리적으로 작동하며, 의사소통을 거쳐 합리적인 제도들을 견인할 수 있게 된다. 교류를 위해 따로 시간을 내기보다는 '길 위에서' 어울릴 수 있도록 길이 합쳐지고 교차하는 길목에 공공공간을 배치해야 한다. 그래야만 시민 공동체의 가능성을 넓혀가는 공적 영역의 역할을 기대할 수 있다.[13]

에드워드 글레이저Edward Glaeser는 그의 저서 『도시의 승리』에서 도시가 가진 경쟁력의 요인으로 사람들 간의 인접성proximity과 대면 접촉에 주목했다. 작게는 시청 사무실의 칸막이를 없애 직원들이 얼굴을 맞대고 일할 수 있게 함으로써 개인 간의 빠른 정보 공유를 장려했던 블룸버그 뉴욕 시장의 사례에서부터, 크게는 국제 무역의 관문으로서 다양한 배경을 가진 사람들이 기술과 아이디어를 교류하며 문화를 발전시킬 수 있었던 아테네와 나가사키에 이르기까지, 사람들의 직접적인 만남을 촉진하는 공간 환경은 발전과 번영의 기반이라고 할 수 있다. 사람들 간의 직접적인 접촉은 각자의 이질적인 배경과 문화적 차이에서 비롯되는 오해와 장애를 극복하고 정보를 효과적으로 공유할 수 있게 한다.[14] 멀리에서 다양한 인재들을 끌어모으는 것은 도시설계자의 일이 아니지만, 도시 내에서 시민들이 활발히 교류함으로써 도시가 잠재력을 충분히 발휘할 수 있도록 물리적 환경을 만들어주는 일은 도시설계자의 몫이다.

이렇듯 우리가 사는 건축물과 도시의 형태는 우리의 안녕과 직결되어 있으며 좋은 도시는 좋은 사회를 만드는 밑바탕이 된다. 그러므로 주어진 환경에 안주하거나 순응하지 말고 더 나은 삶을 위한 더 나은 도시를 끊임없이 모색해야 한다.

혹시 우리 사회의 경제력과 문화 수준이 높아짐에 따라 자연스레 바깥의 풍경도 조금씩 나아지고 있는 것이 아닐까? 조금 기다리면 저절로 나아지지 않을까? 그러나 조성에 막대한 자본과 시간이 소요되는 도시와 건축의 특성상 낙관적인 기대는 어렵다. 수많은 이해관계가 얽힌 도시 환경은 애초에 유연한 구조로 만들어지지 않은 이상 시시각각 변화하는 사회적 요구에 맞추어 자신을 변화시키지 못한다. 특별한 노력 없이는 작은 변화도 일어나기 어렵다. 집과 사무실처럼 기호에 따라 선택이 가능한 개별 건축물은 일정 부분 시장의 경쟁을 통한 품질 관리를 기대해볼 수 있다. 하지만 공공공간은 임의로 취사선택할 수 있는 영역이 아니기 때문에 시장 논리에 따른 개선을 기대하긴 힘들다.

이뿐만 아니라 공공공간의 개선 시도는 사유지보다 더 큰 저항에 당면하기 쉽다. 공공공간은 이를 소유한 공공기관의 주인의식이 강하지 않다고 생각할 수 있지만, 여기엔 직접적인 소유권을 뛰어넘는 복잡한 이해관계가 얽혀 있다. 공공의 소유물은 말 그대로 모두의 이해관계에 변화를 일으킨다. 각각 독립적인 사유지와 달리 공공공간은 기반 시설로서 그 주변의 모든 땅의 사용에 영향을 미친다. 신도시에서 이러한 공공공간을 처음 계획하기는 쉽지만 일단 주변 사유지의 주인이 결정되면 거의 손을 댈 수 없다. 그 취지가 공익적이라 할지라도 도시계획을 변경하는 지자체는 위험한 줄타기를 해야 한다. 그 계획 변경이 초래할 누군가에 대한 특혜와 또 다른 누군가에 대한 불이익의 위태로운 경계선에서 치우침 없이 당초의 개선 목표를 달성해야 하는 것이다. 그러므로 초기 계획 단계에 신중하고 세심하게 가장 큰 노력을 기울여 도시를 만들어야 한다. 특히 여태껏 자동차 중심의 도시를 만들어온 관행에서 벗어나 장소를 중심으로 하는 새로운 도시계획 방향을 정립하려면 조성과 관리의 주체인 국가와 지자체가 명확한 문제의식과 구체적인 해결책을 가지고 있어야 한다.

7 사람을 만나자

만남을 위한 도시

문제 해결을 위해서는 그 원인을 정확하게 인식하는 것이 가장 중요하다. 그렇지 않으면 문제의 본질을 건드리지 못하는 잘못된 방향으로 온 사회가 힘을 쏟게 된다. 이를테면 '도시' 내에 부족한 공공장소를 '건축' 계획을 통해 사유지에서 조달한다든지 도시 경관을 개별 건축의 디자인 품질 문제로 인식하는 일이 발생한다. 전자는 도시 내 공공공간의 큰 그림을 그리지 못하여 도시를 조악한 품질의 작은 공간들로 파편화시키고 후자는 멀리서도 눈에 띄는 소위 랜드마크적 건축물의 건립에 몰두하게 만든다.

도시계획의 방향을 바로 세우려면 무엇보다 먼저 사람을 이해해야 한다. 건축은 사람에 대한 이해가 필수적이다. 그곳에 거주할 사람을 깊이 이해해야만 그의 삶을 온전히 담아낼 그릇을 만들 수 있기 때문이다. 도시계획도 다르지 않다. 다만 고려할 활동의 범위가 더 넓을 뿐이다. 도시를 살펴보면 그 도시를 계획한 이가 사람들의 삶을 어떻게 생각하는지 알 수 있다. 우리 주변에는 다양한 주택과 초·중·고교, 상업지역, 약간의 공원과 공터, 인도를 포함한 도로와 보행 통로가 있다. 각 공간이 하나의 부품이라면 각 부품을 떼어 다시 조립해도 지금의 도시와 크게 달라지지 않을 것이다. 이 계획에 따르면 사람들은 집에서 쉬고, 회사에서 일하고, 상가에서 밥을 먹고 물건을 사고, 공원에서 휴식을 취한다. 그리고 그 사이를 어떻게든 오간다. 하지만 그것만으로는 충분치 않다. 사람들에게는 주거나 업무와 같은 명확한 목적을 가진 공간 외에 제3의 활동을 담는 공간이 적소에 필요하다. 특별한 목적 없이도 자연스럽게 사람들이 어울릴 수 있는 도시를 만들어야 한다. 사람들이 그 공간에서 맞이할 소소한 일상이야말로 삶의 요체이기 때문이다.

이웃 공동체의 부재는 고독사 문제와도 연관이 있다. 어디에 누가 사는지, 근황은 어떠한지, 요새 왜 보이지 않는지 궁금해할 사람이 곁에 없다. 지금의 이웃은 그저 가까이 사는 타인일 뿐이다. 집과 직장을 차로 오가도록 계획한 지금의 도시 형태와 그에 맞춘 삶의 방식으로는 가족·동창·직장 동료

외의 관계를 만들기 어렵다. '오늘은 30분 동안 옆집 사람들과 친교의 시간을 가져야겠다'라는 계획을 세우고 통성명을 시작할 수는 없는 노릇이다. 바로 우리가 삶을 영위하는 집 앞에서 일상 중에 자연스러운 마주침이 반복되어야 한다. 마을 안에서 우리의 이동 방식을 결정하는 '틀'인 도로 구조를 바꾸어야 이웃 공동체가 만들어진다.

사라져가는 지역사회나 이웃 간 소통의 부재와 같은 사회적 단절을 시급한 문제로 생각하지 않는 사람이 많다. 사회적 고통을 심각하게 여기지 않는 이유는 단지 그것이 눈에 잘 드러나지 않기 때문이다. 그러나 사회적 고통도 실질적인 손상을 유발하고 때로는 신체적 고통보다 더욱 치명적인 결과를 낳는다. 자해나 자살이 바로 그 증거다. 반면에 사회적 접촉은 사회적 고통은 물론 신체적 고통까지 줄여준다. 우리가 다친 자녀를 안아주는 행위도 이와 같은 맥락이다.[15] 우리는 사람이 모여 있는 활기찬 거리를 선호한다. 카페 의자가 대체로 보도를 향해 나와 있는 까닭도 도시 생활을 지켜볼 수 있기 때문이다. '인간은 인간의 가장 큰 기쁨이다Man is Man's Greatest Joy'라는 아이슬란드의 오래된 시구와 '사람들이 있는 곳에 사람들이 온다People come where people are'라는 스칸디나비아 속담처럼, 타인을 향한 인간의 기쁨

과 흥미는 도시에 활력을 부여하는 강력한 요인이다.[16]

이렇듯 만남은 우리 삶의 밑바탕이자 궁극적인 목표다. 열린 공간에서 이뤄지는 만남과 대화는 개인의 생각을 여론으로 발전시키고 사회를 바꾸는 동력으로 작용한다. 타인을 이해하며 더불어 살기 위해 우리는 더욱 빈번히 부닥치고 만나야만 한다. 그러므로, 만남의 장이 필요하다. 도시에는 단순한 통행로나 빈 공간이 아니라 만남을 위한 공공의 장*이 마련되어야 한다.

* 미국의 작가이자 사회평론가인 제임스 쿤슬러는 '공공의 장public realm은 우리가 어떤 사람들인지 말해주며, 대대로 소중하게 지켜나갈 가치가 있는 장소'라고 말했다. (제임스 쿤슬러, TED.com, 2007)

← 독일 쿠르퓌르스텐담.
→ 프랑스 레 알르.

Ⅲ 무엇을 해야 하는가?

8 만남의 설계: 새로운 도시를 만드는 3S

보행: 만남의 플랫폼

우리는 만나야 한다. 그러므로 도시는 우리를 만나게 해야 한다. 길이나 광장 등의 도시 공간은 사람을 담는 그릇으로써 인구, 지형 등 주어진 조건에서 가장 많은 사람이 만나 교류하도록 계획되어야 한다.

얀 겔Jan Gehl의 표현에 따르면 도시에서 보행은 만남의 플랫폼이다.[17] 여기서 보행은 자가용 이용과 대비되는 개념으로 대중교통의 활용까지 포함한다. 즉, 보행자는 걸어 다니면서 장거리를 이동할 때는 버스나 지하철을 이용하는 사람이다. 걷기와 운전 모두 이동을 전제로 하지만 운전자와 달리 보행자는 걸어 다니며 다른 이와 마주치고 인사를 나누고 대화할 수 있다. 자가용 이용자가 많은 도시의 도로는 자동차로, 보행자가 많은 도시의 거리는 사람들로 가득할 것이다. 사람들로 북적이는 거리는 수많은 만남을 위한 최적의 장소다. 유명 관광지에 모이는 방문객도 잠시나마 도시에 활력을 불어넣을 수 있겠지만 그보다 먼저 우리가 사는 동네의 가로에 이웃이 가득한 모습을 상상해보자. 인사하느라 바쁠 만큼 만남의 순간은 잦아질 수밖에 없다.

걷게 하는 도시

보행 환경의 중요성에 대한 인식이 증가하면서 단순히 인도만 확보한 수준의 도시를 개선하려는 움직임이 나타났다. 말하자면 굳이 걸으려면 걸을 수는 있는 수준의 도시를 넘어 자발적인 움직임을 유도하는 '걷고 싶은 도시'를 만들기 위해 다양한 연구와 노력이 진행되고 있다. 여기서 한 걸음 더 나아간 것이 '걷게 하는 도시'다.

'걷고 싶은 도시'는 '걷게 하는 도시'를 포괄하는 개념이다. 현재의 보행 환경을 개선해 걷고자 하는 마음을 불러일으키는 전반적인 노력과 기법을 일컫는 명칭이 바로 '걷고 싶은 도시' 만들기다. 더 나아가 '걷게 하는 도시' 만들기는 보행을 가장 합리적인 선택지로 만들어 사람들의 의식적인 선택 과정을 소거하는 한층 적극적인 문제 해결의 자세를 강조한다. 즉, 수동적(비의식적)인 보행을 유도하는 능동적인 도시설계다.

이를 위해 추가로 도입하는 개념이 '보행 경로의 최적화'다. 보행이 가장 효율적이고 즐거운 경험을 선사하도록 계획된 도시에서 사람들은 자연스레 걷게 된다. 도시 문제를 해결하려면 사람들에게 호소할 것이 아니라 구조를 개선해야 한다.[18] '걸어야 한다'라는 의지의 발현이나 '걸어볼까?'라는 의식적 반응은 필요치 않다. 그곳에서는 걸으며 대중교통을 이용하는 것 이외의 다른 이동 수단은 굳이 떠올리기 어려울 만큼 부자연스럽기 때문이다. 자동차가 주인인 도시계획과 자동차 이용률의 증가가 되먹임을 해왔듯, 도시 구조를 보행 중심으로 만들면 도시는 나날이 더 많은 사람으로 북적이게 될 것이다.

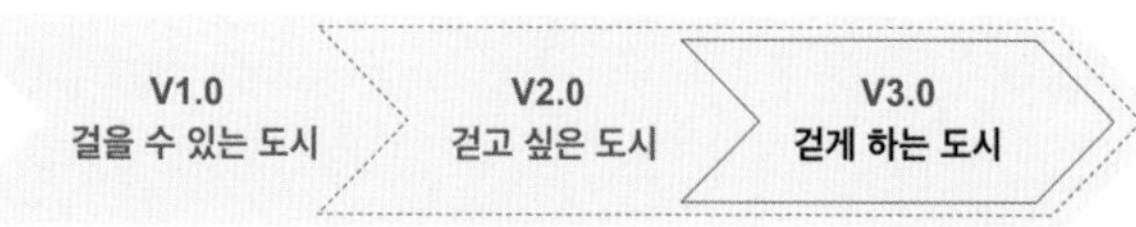

보행 도시 단계

새로운 도시를 만드는 3S

지금의 도시설계 관행을 벗어나기 위해서는 새로운 패러다임이 필요하다. 사람을 만나는 도시, 걷게 하는 도시를 만들기 위해 도시설계자가 해야 할 일은 크게 아래와 같은 세 단계로 구분된다.

1 Secure: 만남을 위한 장소 확보
2 Separate: 만남을 방해하는 요소 분리
3 Serve: 만남을 촉진하는 요소 더하기

먼저 사람들이 어울릴 수 있는 장소가 될 만한 길과 광장을 확보한 다음, 만남을 방해하는 자동차와 차도를 길과 광장으로부터 분리한다. 마지막은 인접 건축물·수목·조형물을 활용해 사람들의 만남을 지원하는 과정이다. 확보된 장소가 머물기 편리하고 편안하며 아름다운 곳이 되도록 주변 지역, 특히 경계부를 세심하게 설계해야 한다. 이러한 원칙을 바탕으로 '사람을 만나는 도시'를 구축한다면 비로소 도시설계가 도시 공간에 실질적인 가치를 더하고 삶터를 창출하는 유용한 과업으로 거듭날 것이다.

9 Secure: 보행 공간 확보

First things First

"보행, 자전거, 전차와 같은 (…) 다른 이동 수단을 우선적으로 확보하고 난 연후에 자동차를 수용하는 것이 해결책일지도 모른다."[19]

도시설계자가 사람을 만나는 도시를 만들기 위해 해야 할 일 중 첫 번째는 보행로를 확보하는 것이다. 여기서 가장 주목할 단어는 '첫 번째'라는 부분이다. 보행로는 이미 모든 도시에 어떤 형태로든 확보되어 있다. 다만 그 도시를 계획할 때 보행로를 가장 우선적(첫 번째)으로 고려하여 확보하지 않았다는 사실이 중요하다. 자동차를 위한 도로나 큰 공동주택 용지와 같은 다른 계획 요소를 먼저 배치한 다음에야 보행로의 위치와 형태를 결정해 왔다. 바로 그 '순서'가 도시 문제의 근본적인 원인이다.

나중에 계획되는 요소들은 앞서 계획된 내용에 기반한다. 그러므로 첫 번째 계획 요소는 나머지 모든 계획에 가장 큰 영향을 끼친다. 가장 먼저 계획하는 시설은 이후에 들어설 그 어떤 시설에도 양보하거나 타협하지 않고 백지 위에서 가장 이상적이고 효율적인 형태를 갖출 수 있다. 즉, 무언가를 첫 번째로 계획한다는 것은 순서를 넘어 가장 높은 가치를 부여한다는 의미다. 그러므로 가장 먼저 보행로를 확보하는 일은 도시계획을 통해 우리 도시에 지금 가장 중요한 사안이 보행로라는 것을 선언하고 실천하는 행위다.

앞서 언급한 얀 겔의 표현처럼 보행로는 만남의 플랫폼으로서 함께 어울리는 시민들의 삶을 담아내기 위해 도로·전기·상하수도와 같이 도시가 당연히 갖추어야 할 필수 기반 시설이다. 그러므로 새로운 보행로는 이러한 의미에 걸맞은 특별함을 갖추어야 한다. 단순 통행을 위한 이동 공간에 그쳐서는 안 된다. 보행로는 누구나 자유롭게 이용하고 머무는 공간으로 도시 활동의 중심이 될 만한 조건을 갖추어야 한다.

자동차는 대문으로 사람은 쪽문으로.

하굣길에 쏟아져 나오는 아이들 앞에 놓인 펜스.

긴 보행로의 의미 없는 기종점.

소중한 유동 인구

앞서 7장에서 언급한 것처럼 보행로가 도시 활동의 중심이 되려면 보행로 위에 '많은' 사람이 모여들어야 한다. 지금도 전국의 도시와 주요 상권들은 유동 인구를 확보하기 위해 치열하게 경쟁한다. 지역 내 세대수와 인구를 늘리거나 외부의 사람들을 잠시 불러들이는 일은 한정된 자원의 배분을 결정하는 정책 혹은 계획 차원의 일이다. 하지만 계획 이후의 과정인 '설계'의 접근 방식은 이와 다르다. 경제적 자원으로써 더 많은 인구를 확보하거나 방문객을 겨냥한 시설을 유치하는 일이 아니라, 계획 단계에서 할당한 현재의 인구수를 어떻게 하면 가장 효율적으로 활용할지에 대한 고민이 바로 설계 과정에 담겨 있어야 한다. 이것이 새로운 도시설계의 핵심 목표이자 기존 도시설계와의 두드러지는 차이점이다.

보행로의 시작과 끝

도시설계를 통해 더욱 많은 사람을 보행로로 유도하려면 반드시 고려해야 할 점이 있다. 사람들이 매일 오가는 '일상'의 이동 경로에 보행로를 놓아야 한다는 것이다. 보행로가 일상생활의 이동 경로에 포함되면 출퇴근이나 등하교 때 적어도 하루에 두 번씩은 지역 주민들이 보행로를 이용하게 된다. 반면에 일상의 경로에서 벗어난 보행로라면 아무리 좋은 길일지라도 많은 사람이 모이는 상황은 기대하기 어렵다. 그곳을 방문할 계기가 별도로 필요하기 때문이다. 지금 우리 도시에 조성된 산책로와 둘레길도 좋은 보행로지만 여가 활용과 같은 목적으로 특별히 마음먹고 찾아가야만 이용할 수 있는 경로로 계획되어 있다.

일부 구간이 중첩될 수는 있어도 기본적으로 교통을 위한 보행로와 여가를 위한 보행로는 명확히 구별되어야 한다. 교통 목적의 출퇴근 길은 짧을수록 좋지만, 여가를 위한 보행로는 걷는 행위 자체가 목적이기 때문에 한적한 녹음 사이를 오랜 시간 노닐 수 있도록 가능한 한 길게 설계하는 것이 좋다. 출퇴근 동선이 길어지면 바쁜 사람들에게 외면당하고 도심의 활기는 기대하기 어렵다. 일상의 경로에서 보행을 유발하는 가장 대표적인 시설은 대중교통 관련 시설이다. 그러므로 보행로는 버스 정류장, 지하철역 등 주요 대중교통에 직결되어야 한다.

대전 노은역 지하철역에 설치된 광장. 대중교통 인근에 광장이 설치되어 있고, 광장 동측에는 보행자 전용 도로가 연결되어 있다.

기왕이면 지름길

잔디밭에 생겨난 지름길이 말해주듯 사람들은 짧은 경로를 선호한다. 시간과 체력의 소모가 가장 적은 경로를 택하는 것이다. 특히 신체 활동이 버거운 노약자일수록 이런 경향이 강하다. 지금의 신도시와 같은 격자 구조 가로망에서는 집에서 정류장까지 최대 2의 제곱근 길이만큼(약 1.4배) 더 돌아가야 하는 일이 생긴다. 아주 짧은 거리를 이동할 때는 사소한 차이지만 이동 거리가 직선으로 500m라면 가로망의 형태에 따라 200m 이상을 더 걸어야 할 수도 있다. 집에서 버스 정류장까지의 거리가 멀어질수록 자가용을 타고 싶은 마음도 커지고 자가용 통행량이 느는 만큼 보행로는 인적이 드문 생기 없는 공간으로 변해갈 것이다. 반듯한 격자 구조의 도시는 설계하기 편리할지는 몰라도 그 안의 삶을 풍요롭게 만들어주지는 못한다. 효율적인 보행로야말로 더 많은 사람을 대중교통으로 이끄는 가장 현실적이고 실행 가능한 도시계획 수단이다.

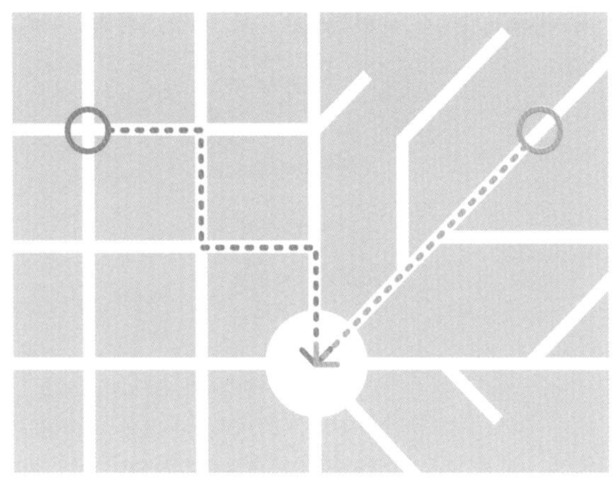

마을의 중심부가 명확하다면, 격자형 가로망의 경로(초록색)가 대각선 가로망의 경로(연두색)보다 최대 40퍼센트가량 길어질 수 있다.

60명의 이동에 필요한 도시 공간 비교.
자동차(50대)와 버스를 비교할 때 필요한 주차 공간과 도로 공간의 차이.
주행 중에는 차간 거리로 인해 격차가 더욱 커진다.

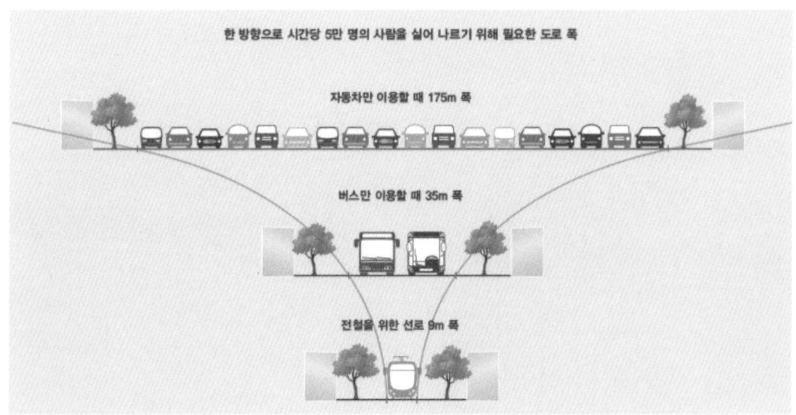

시간당 5만 명을 수송할 때 필요한 도로 폭.
자가용으로만 수송할 때 한 방향으로 46개 차로(폭 175m)가 필요하며 폭원이 절반밖에 확보되지 못했다면 두 시간이 걸린다. 반면에 버스는 두 개 차로(폭 35m), 철로는 한 개(폭 9m)면 충분하다.

앞의 사진과 이미지는 대중교통의 효율성과 장점을 잘 보여준다. 이를 실제 우리 삶에 접목하려면 집과 대중교통 정류장을 걸어서 오가도록 사람들을 유인하는 도시 환경을 먼저 마련해야 한다. 그러므로 보행로는 처음부터 가장 짧은 지름길로 만들어져야 한다. 관행적인 격자형 도로 구조를 벗어나 가장 효율적인 보행로를 계획한다면 출퇴근 시간은 줄어들고 대중교통 이용자는 증가할 것이다.

나무처럼 계획하기

마을에 정류장을 하나 계획한다고 가정해보자. 아래 그림에서 각각의 선은 시작점과 끝점을 연결하는 하나의 길을 의미한다. 흩어진 점들이 각각 하나의 주택이라면 하단부 중앙은 대중교통 정류장(광장)이 된다. 지도상에서 정류장은 하나의 점이고, 주거지역은 면이다. 다양한 밀도로 넓게 흩어진 각 주택에서 사람들이 하나의 정류장으로 모여들 때, 가장 짧은 보행 경로는 그림 A와 같이 모든 주택의 출입문과 정류장을 각각 직선으로 연결하는 경로다. 그러나 온 마을을 보행로로 뒤덮을 수는 없으므로 이를 적당히 묶어줄 필요가 있다. 이를테면 그림 B와 같이 보행로를 나무줄기와 가지 형태로 계

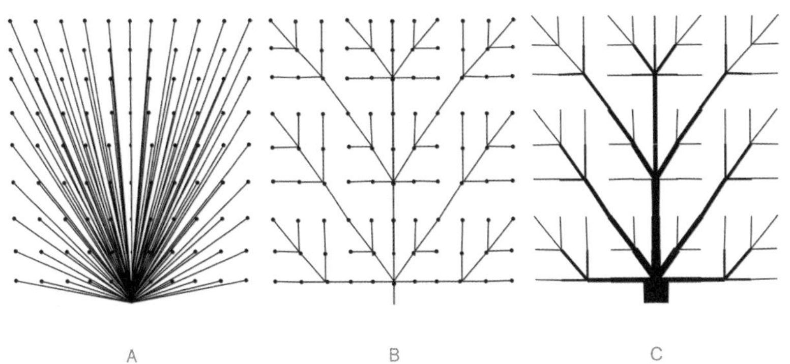

획할 수 있다. 각 연결로는 그림 C처럼 목적지와 가까울수록 늘어나는 통행량에 비례하여 단계적으로 넓어진다. 이러한 구조는 자연스럽게 사람들을 한곳으로 모아주는 장점이 있다.

이와 같은 방식의 가로망은 지금의 격자형 도시계획처럼 직교하는 굵은 선 몇 개로 완성될 수 없기 때문에 도시계획과 설계는 지금보다 정교하고 세심한 작업으로 변모해야 한다.

공교롭게도 『패턴 랭귀지』의 저자인 크리스토퍼 알렉산더Christopher Alexander의 저서 중 『도시는 나무가 아니다*City is Not a Tree*』라는 책이 있다. 그에 따르면 자연 발생적인 과거 도시와 달리 도시계획가의 구상에 따라 인위적으로 만든 도시는 나무 구조로 이루어져 단조로워지는 경향이 있다. 이를 지양하여 더욱 복잡하고 다양한 네트워크를 형성하는 것이 바람직하다는 내용이다. 바람직한 보행로 구조를 나무에 빗대어 설명했다고 해서 이 예시가 알렉산더의 주장을 배척하진 않는다. 나무 구조에 더하여 네트워크를 풍부하게 만드는 일은 통행의 편의를 위해서도 바람직하다. 여기서 이야기하는 나무 구조는 '주된' 동선의 구조가 나뭇가지처럼 한곳으로 점차 집중되어야 한다는 점을 강조한 비유일 뿐이다. 이후 건물 사이를 지나는 작은 골목길과 인도를 포함하는 국지도로 등을 추가함으로써 전체 보행 가로망을 격자형 이상으로 풍부하게 만들 수 있다.

광장

가장 우선적으로 계획해야 하는 요소인 보행로 외에도 보행자를 위한 공공공간에는 광장·공원 등이 있다. 보행로가 사람들의 흐름을 안전하고 편리하게 수용하는 역할이라면 그 이동의 과정에서 사람들의 휴식·머무름·놀이·공연·행사 등의 활동을 수용하는 광장과 같이 넓은 공간도 함께 조성해야 한다. 마을에 하나의 광장을 계획한다면 그 위치는 사람이 가장 많이 모이는 곳, 나무로 치면 뿌리에 가까운 줄기trunk 부분이 가장 적절하다. 도시나 국가를 상징할 만한 크고 멋진 광장이 하나쯤 있는 것도 바람직하고 필요한 일이지만 작은 마을 단위에도 지역 공동체의 규모에 알맞은 활기차고 아름다운 소광장이 필요하다.

동네 지하철역이나 버스 정류장 근처에 카페·식당·편의점과 더불어 작은 분수·파라솔·테이블·벤치가 자리한 작은 광장이 있다면 사람들은 출퇴근 길에 그곳에서 이웃을 마주칠 것이다. 매일매일 잠시나마 소소한 일상에 대한 담소를 나누고 크고 작은 정보와 생각들을 공유하다 보면 사람들은 더불어 사는 방법을 익히고 사회를 조금씩 진일보시키는 집단적인 생각과 행동을 끌어낼 수 있다. 광장이나 작은 공원이 꼭 하나일 필요는 없다. 중심 광장과 함께 보행로의 주요 결절점마다 삼삼오오 모이기에 적당한 작은 마당이나 공원 그리고 노상 카페가 있다면 보행자의 일상은 더욱 풍부해진다.

오스트리아 할슈타트의 마르크트 광장.

길과 길이 만나는 작은 광장. 드레스덴, 프라하.

대단지 아파트와 자가용을 중심으로 하는 지금의 도시 구조에선 일상에서 이웃을 대면하는 일이 드물다. 엘리베이터에서 수없이 이웃과 마주하지만 늘상 어색하고 서로를 알아가는 데 별다른 보탬이 되지 않는다. 우리 도시에서 엘리베이터는 이웃과의 우연한 만남을 기대할 수 있는 몇 안되는 장소인데, 그마저도 낯선 이웃과 좁은 공간에 함께 머무르는 불편함을 감내하느라 짧은 인사 이상의 의사소통은 일어나기 어렵다. 심리학에서 말하는 개인적 영역personal space을 서로 침범하여 스트레스 상태에 놓이기 때문이다.

이와 달리 광장과 보행로 중심의 마을에서는 버스에서 내려 집으로 걸어가는 동안 사회적인 거리와 시간이 충분히 확보된다. 사람들은 여유를 가지고 만남의 방식을 주도적으로 결정하게 된다. 이야깃거리를 떠올리며 대화를 준비할 수도, 발걸음을 조절해 마주침을 피할 수도 있다. 개인의 의사에 따라 스스로 상황을 통제하는 일이 가능하다. 이웃과의 유대 형성이 어려운 현재 도시 구조는 우리가 직면한 다양한 사회 문제의 직간접적 원인이자 해결책의 모색을 방해하는 요인이다. 보행로와 광장이 보행자가 사회적 접촉을 주도적으로 수행할 수 있는 공간으로 거듭난다면 사람들은 공동체를 이루고 함께 사회 문제에 대응할 수 있다.

10 Separate: 보차 망 분리

초품아

'초품아(초등학교를 품은 아파트)'라는 부동산 신조어가 있다. 이때 품는다는 표현은 아파트단지와 초등학교를 잇는 등하굣길이 차도와 안전하게 분리된 상태를 의미한다. 어린 자녀가 위험하게 차도를 건너지 않으니 안심할 수 있는 안전한 아파트라는 점을 내세우는 마케팅 용어다. 초품아 여부는 아파트 구매를 고민하는 이들에게 중요한 고려 사항으로, 이는 통학로가 차도로 단절된 우리 도시의 현실 그리고 찻길을 건너야 하는 아이들이 안전을 보장받지 못한다는 사람들의 인식을 고스란히 드러낸다. 도시가 자동차의 위험으로부터 아이들을 지켜주지 못한다는 방증이다.

횡단보도 안전 시설물.

보차 망 분리

새로운 도시를 계획하기 위해 두 번째로 해야 할 일은 앞서 확보한 보행로를 안전하게 품어주는 일이다. 아파트가 초등학교를 품듯 도시는 광장과 보행로를 품어야 한다. 보행로가 차도에 가로막혀 횡단보도를 건너는 일이 없도록 보행로와 차도 망을 분리해야 한다. 이를 통해 이동 중인 보행자와 자동차가 물리적으로 만날 가능성은 원천 차단된다. 보행 망과 차도 망이 서로 분리된 지역 내에서는 걸어서 어디를 오가든 차도를 건널 일이 없으므로 모든 아파트가 초품아가 된다. 초등학교뿐 아니라 지역 내 상가, 주민센터 등 모든 시설을 안전하게 걸어서 오갈 수 있다. 설령 중고등학교가 이웃 마을에 있더라도 두 마을 모두 보행로와 차도의 망이 분리되어 있다면 문제 없다. 우리 마을에서 버스를 타러 가는 동안, 또 이웃 마을에 도착하여 버스에서 내린 뒤 학교로 가는 동안 차도를 건너지 않아도 된다. 비로소 학부모는 마음 졸이지 않고 아이들을 학교에 보낼 수 있게 된다. 아이들이 등하굣길에 손을 들고 좌우를 살펴야 할 일이 없고 무단 횡단을 막는 펜스가 없어도, 인도에 노란색 삼각형을 그리거나 횡단보도에 밝은 조명을 달지 않아도, 뛰어드는 어린이 사진으로 운전자를 위협하지 않아도 아이들은 항상 안전하다. 5030*을 도입하든 철회하든 보차 망이 분리되면 보행자와 자동차가 접촉할 일 자체가 생기지 않는다. 술에 취하거나 휴대폰을 보느라 한눈을 파는 운전자가 나타나도 아이들이 더 이상 길 위에서 희생당하지 않을 수 있다.

보행로와 차도의 구조에 따라 보행자의 안전성은 달라진다. A와 같이 보도와 차도가 평행한 구조에서는 운전자와 보행자가 같은 환경을 체험하며 보행자의 안전성이 낮다. B처럼 보도와 차도가 독립적이라면, 보행자와 운전자의 접촉은 교차점에 한하며 안전성은 양호한 수준이다. C와 같이

* 보행자 통행이 많은 주거·상업·공업지역의 일반도로에서 차량 제한 속도를 시속 50km(원활한 소통을 위해 필요하다고 인정되는 경우 시속 60km적용), 주택가·보호구역 등 이면도로는 시속 30km 이하로 하향 조정하는 정책. 대한민국 정책브리핑 참고. 편집자주.

보도와 차도를 분리할 때 보행자와 운전자의 접촉이 차단되어 안전성이 가장 높다. C의 방식은 보도와 차도 중 누가 지역의 중심을 차지하느냐에 따라 다시 두 가지로 구분된다. C-1과 같이 차도가 지역의 중심부와 중심지구를 관통할 때보다 C-2처럼 보도가 중심부를 차지할 때 주거지에서 중심지구로의 보행 접근성이 높다. 또한, 차도로 인한 중심지구의 단절을 방지한다는 점에서 더 우수하다.[20]

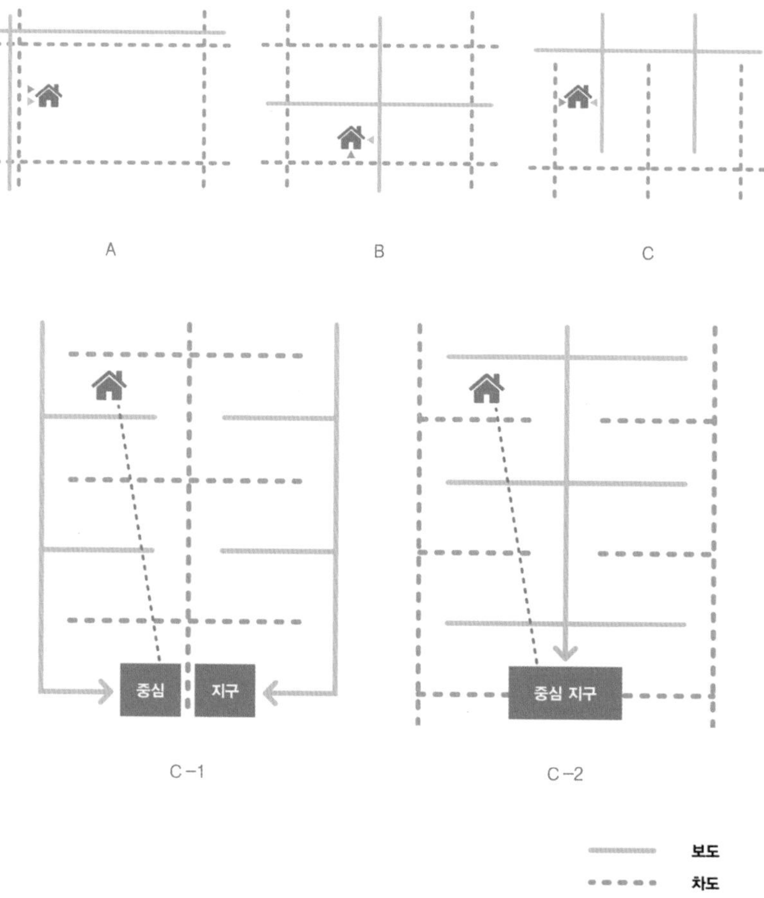

도로 시스템에 따른 보행자 안전성 비교

차도 옆 보행로sidewalk의 한계

보차 망을 분리해야 하는 이유는 비단 안전에만 있지 않다. 비용과 불편함을 감내하면 안전은 어떻게든 확보된다. 안전성 확보와 더불어 보차 망을 분리해야 하는 중요한 이유는 보행로와 차도를 멀찌감치 떨어뜨려야 보행로가 비로소 사람들을 위한 장소로 변화할 수 있기 때문이다. 차로 옆의 보도도 분명 사람들이 이동하거나 머무는 공간이지만 공간의 존재만으로 사람들의 만남과 그로부터 비롯되는 도시 활동이 촉진되지는 않는다. 차로 옆의 인도가 장소가 되기 어려운 이유는 차도의 자동차가 인도 위의 사람들에게 불안과 불편함을 주기 때문이다. 차도보다 인도를 높게 만든다거나curbing 튼튼한 펜스나 나무를 설치해 영역을 나누어도, 달리는 차 옆에서 마음이 편안한 사람은 없다. 머리로는 내 옆을 달리는 차가 나를 덮치지 않을 것이라 생각하지만 이를 마음으로 느끼는 것은 다른 차원의 문제다.

자동차의 차갑고 단단한 물성과 위협적인 크기부터 빠른 속도, 대화를 방해하는 소음, 건강을 위협하는 매연과 각종 먼지까지, 차도 옆에서 우리가 느끼는 불편함은 다양하다. 이뿐만 아니라 인도 위의 사람들과 스쳐 지나가는 자동차 안의 사람들 사이에는 어떤 형태로든 긍정적인 교류가 일어날 가능성이 희박하다. 자동차는 보통 유리에 진한 선팅tinting을 하기 때문에 사람과 자동차 사이에 시각적으로 일방적인 감시가 일어난다. 부담감의 크기는 사람에 따라 다르겠지만, 인도를 걷다 지인을 만나 가벼운 인사를 나누는 사소한 순간에도 자동차 안에서 지켜보는 일방적 시선의 무게를 감당해야 한다. 교류할 수 없는 수많은 익명의 감시자에게 포위당한 인도 위에서는 묵묵히 발걸음을 재촉하거나 휴대폰 속 세상으로 빠져드는 것이 속 편한 일이다.

더욱이 건물 출입을 위한 찻길로 수없이 분절된 차도 옆 보행로에서 사람들은 항상 긴장 상태에 놓인다. 그래서 쇼핑몰이나 상가를 만드는 사업자는 사유지인 건축 부지 안에 안전한 보행 공간을 따로 마련하기도 한다. 장소가 되지 못하는 차도 옆 인도와 달리 차도와 분리된 보행로는 사람들의 다양한 도시 활동을 수용하는 무대로서 시민들에게 즐거운 경험을 선사한다. 도시의 가장 중요한 공공공간인 보행로는 시민들이 아끼고 사랑할 수 있는 장소가 되도록 머무름, 마주침, 대화를 끌어내고 자동차가 이를 방해할 수 없도록 설계되어야 한다.

자동차에 침범당하는 보도.

주상복합단지 내 보행로와 광장. 공공공간의 역할을 사유지가 수행한다.

광화문 광장.
동쪽의 황량한 차도 옆과 달리 건물과 맞닿은 서쪽에선 사람들의 발길이 이어진다.

나만의 발걸음 되찾기

도시가 즐거운 보행 경험을 선사한다면 건물의 바깥은 더욱 많은 사람으로 채워질 것이다. 반대로 소소하지만 불쾌한 일을 겪은 사람들은 자동차로 출퇴근하는 편이 낫다고 생각할 것이다. 쾌적한 걷기는 오롯이 나의 시간에, 나의 신체를, 내 의지대로 움직이며 걸어 다니는 자유로운 활동이어야 한다. 그러나 인도와 차도가 붙어 있는 탓에 횡단보도와 차도의 신호가 연계될 수밖에 없는 현재의 도로 체계에서는 그러한 걷기가 불가능하다. 지금의 걷기는 일상에서 즐거움을 발견하는 자유 활동이라기보단 기다림의 불쾌함을 부각하고 조바심을 일으키는 타율적인 통제의 경험에 가깝다. 흥겨운 발걸음으로 길을 걷다가도 신호등의 지시에 따라 자동차를 먼저 보내기 위해 원치 않게 멈추고, 출근길에 시간을 초 단위로 세어가며 신호가 다시 바뀌기를 기다려야 한다. 이 기다림이 싫어 때로는 멀리서부터 허겁지겁 달려오기도 한다. 교통신호에 따라 나의 속도를 조절해야 하는 도시에서는 잠시 발걸음을 멈추고 노점의 과일이나 길가에 핀 꽃을 들여다보는 일조차 최소 한 주기만큼의 지체를 감내하는 큰 결단이 필요하다. 이 문제도 보행로에서 차도를 떼어내면 해결된다. 집에서 목적지까지 횡단보도와 신호의 방해 없이 끊어지지 않은 보행로는 사람들을 기다리게 하거나 등 떠밀지 않는다. 사람들은 자신만의 발걸음으로 걸으며 그 순간을 온전히 소유하고 누릴 수 있다. 시간이 흘러 그러한 경험이 쌓일 때 그 길은 저마다의 추억이 담긴 소중한 장소가 된다.

분리의 원칙: 나무를 위한 빛과 물

앞서 1단계에서 언급한 나무 구조의 보행 가로망을 다시 떠올려보자. 뿌리(버스 정류장 또는 지하철역)를 통해 나무로 들어온 뒤 굵은 가지를 거쳐 잔가지 끝의 잎사귀(집)까지 오가는 사람들을 물이라고 한다면 자동차는 나무 바깥에서 에너지를 공급하는 햇살과 같다. 앞서 나무(보행로)를 먼저 만들었으니 이번에는 그 줄기나 가지를 자르지 않고 모든 잎사귀에 햇살(자동차)이 고루 닿도록 차도 망을 계획해야 한다. 자동차와 보행자의 네트워크가 서로의 흐름을 방해하지 않으니 횡단보도에 가로막히지 않고 모두 효율적으로 통행할 수 있다.

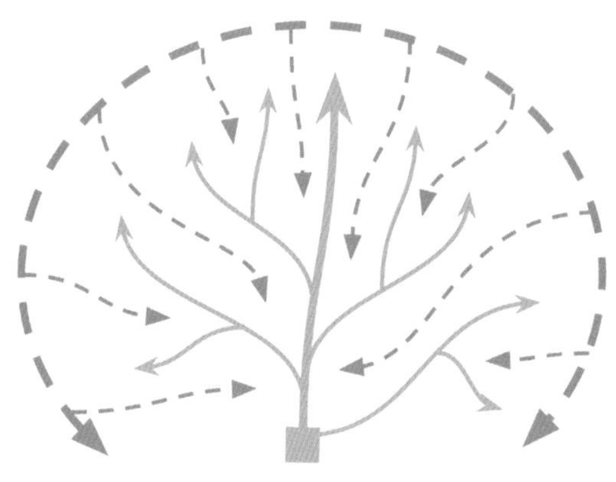

보행과 자동차 교통의 병존.
보행(실선)은 나무 속의 수분처럼 대중교통(뿌리)으로부터 각 주거지(잎사귀)로 뻗어 나가며, 자동차(점선)는 잎사귀에 에너지를 공급하는 햇살처럼 외부(집산도로)에서 가지 사이사이로 유입된다. 빈 공간은 잎사귀에 해당하는 건물로 가득 채워진다.

건물의 앞면과 뒷면

건물의 외벽 면(입면) 중 가장 대표적인 정면을 파사드façade라고 한다. 프랑스어 face에서 유래한 파사드는 동서남북 네 개의 입면 중 가장 중요한 건물의 얼굴인 셈이다. 잘 드러나지 않는 세 개의 입면(측면과 후면)과 달리 많은 사람이 지나는 길을 향해 나란히 늘어선 파사드는 더욱 공을 들여 디자인하고 세심하게 관리하는 영역이다. 이렇듯 파사드는 가로의 경계면으로서 도시 전반의 경관을 만들어낸다. 일반적으로 건축가는 파사드 쪽으로 사람들이 출입하도록 건물을 설계한다. 이를 통해 건물의 앞뒤가 명확히 구분된다. 전면으로 보행자 동선을, 후면으로 물품 운반이나 승하차 등 차량 동선을 배치해 분리할 수 있다. 나무 구조에 다시 비유하면 각각의 잎사귀(건물)는 앞면으로 물(사람)을, 뒷면으로 빛(자동차)을 받아들인다.

보차 망 분리는 일정 구역의 차량 통행을 배척하는 카-프리 존car free zone이나 진입 금지와 다른 개념이다. 보차 망을 분리하면 마을 안에서 사람과 자동차가 서로 만나지 않도록 각각의 길이 격리되면서도 집에서 바로 자동차를 타고 나가는 데는 아무런 문제가 없다. 차를 타러 외부 주차장까지 이동해야 하는 카-프리 존과 같은 불편함이 발생하지 않는다. 특히 짐이 많거나 이동 약자가 있는 경우 카-프리 존은 바람직한 거주지가 될 수 없다. 보차 망이 분리된 지역에서는 차를 타고 집 앞까지 갈 수 있고, 걸어서 출퇴근하기 곤란한 사람은 여느 마을처럼 집에서 바로 자동차를 타고 밖으로 나갈 수 있다. 주요 보행로에서 건물 사잇길을 지나 차도에 바로 접근해서 택시를 이용하는 것도 가능하다.

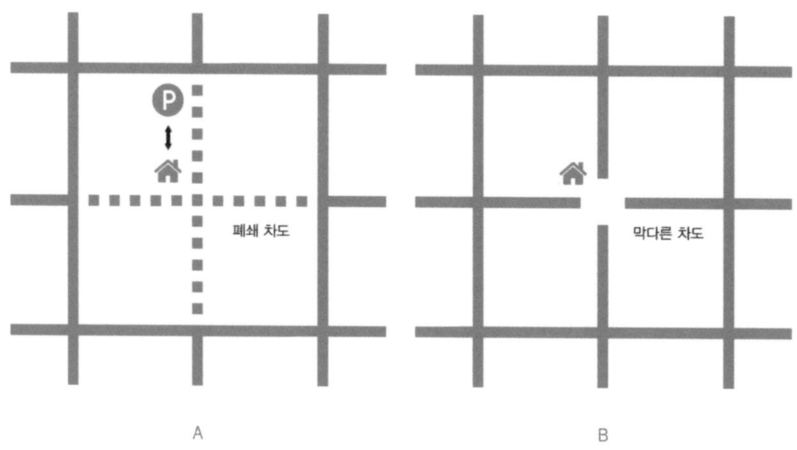

차량 통제 방식에 따른 자동차 이용 편의성 비교

A와 같이 내부로 차량이 유입되지 않는 카-프리 존에서는 차를 타기 위해 외곽의 도로(주차장)까지 도보로 이동해야 한다. 이와 달리 B처럼 보차망이 분리된 상황에선 각 건물까지 차도가 연결되어 집에서 차를 타고 바로 나갈 수 있다.

자동차도 더욱 편리하게

지금까지 자동차의 부정적 측면들을 주로 언급하긴 했지만 자동차가 현대 사회에 가져온 혜택은 이루 말할 수 없을 만큼 크고 절대적이다. 차를 도시에서 사라지게 할 수는 없고 그래야 할 이유도 없다. 보차의 물리적 특성에 맞지 않는 무리한 공존이나 화해를 추구하기보다 공간의 분리를 통한 병존을 모색해야 한다.

새로운 도시계획은 자동차를 배척하지 않는다. 자동차의 길과 사람의 길을 나누어 계획할 뿐이다. 자동차를 분리함으로써 길이 사람을 위한 공간으로 변모하듯이 자동차의 길도 그 특성에 더욱 적합한 길로 거듭날 수 있다. 보차 망이 분리된 새로운 도시에서는 주 보행로 외에 도심의 집산도로나 간선도로변의 보도로 통행하는 사람이 대폭 줄어들 것이다. 그렇다면 자동차는 더욱 빠르게 도심을 이동하면서도 사람들과 불편하게 섞여 신경을 곤두세울 필요가 없다. 게다가 제한속도 시속 30km의 과속 카메라 단속을 피하느라 계기판을 확인하며 전방 주시를 소홀히 하는 위험을 무릅쓰지 않아도 된다. 운전자를 긴장시키는 횡단보도나 무단횡단도 줄어들고 가다 서다 하지 않으니 연비도 좋아진다.

보차 망 분리 사례

1 네덜란드 하우턴

"네덜란드 하우턴 시에서는 자전거와 보행자가 다닐 수 있는 도로가 시내를 십자형으로 교차하는 반면 차도는 도시 외곽을 순환할 뿐이다."[21]

인구 5만 명, 면적 5km² 규모의 소도시인 네덜란드 위트레흐트 주 하우턴은 기차와 자전거 이용을 장려하는 특별한 도시 구조로 인해 자전거 문화가 발달한 네덜란드 안에서도 가장 안전한 도시 중 하나로 손꼽힌다. 하우턴의 도로망은 각각 두 개의 기차역을 중심으로 방사형의 자전거도로와 보행로가 펼쳐져 있다. 주요 차도는 그 외곽을 순환하며 서비스를 공급하지만 내부를 관통하지 않는다.

"하우턴 시에서는 6세 아이도 자전거를 타고 학교를 오갑니다. … 걱정할 것은 없습니다. 집까지 가는 길에 아이들이 건너야 하는 도로는 하나도 없으니까요."[22]

하우턴의 주요 대중교통 수단인 기차는 14분 거리에 있는 대도시 위트레흐트로 출퇴근하는 사람들의 수송을 주로 담당한다. 하우턴은 각각의 기차역을 중심으로 하는 두 지역으로 구성된다. 각 기차역에서 해당 지역의 외곽까지 직선거리는 750m~1,500m에 달하므로 보행으로는 최대 25분이 걸리지만 자전거로는 길어야 6분밖에 걸리지 않는다. 그러므로 하우턴은 보행보다는 자전거 이용이 합리적인 도시 규모라고 할 수 있다.

하우턴 교통 계획도.
도시 중앙의 두 기차역을 중심으로 자전거도로가 방사형으로 펼쳐져 있다.
자동차 도로는 외부를 순환한다.

자전거가 주 교통수단인 하우턴. 기차역 내부에 자전거 주차장이 설치되어 있다.

2 어느 도시학자의 이상 도시

'걷고싶은도시만들기시민연대(도시연대)'를 만들고 대표로 활동했던 故강병기 교수는 1979년 건축 잡지 《SPACE(공간)》에 이상적인 도시 구상안을 소개한 바 있다.

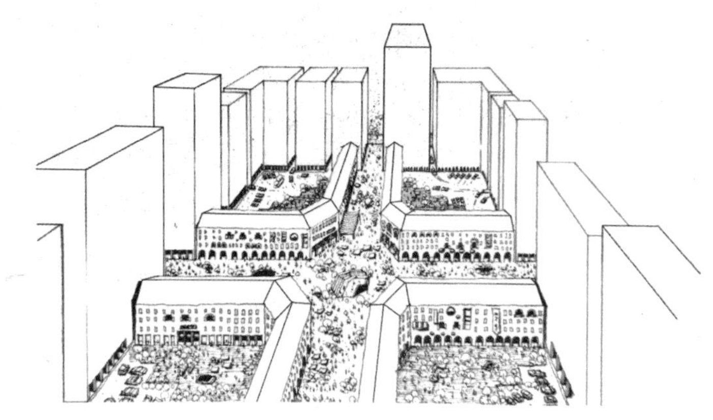

故강병기 교수의 이상 도시 구상안 조감도.
2021년 서울역사박물관에서 개최된 특별전시회의 포스터로도 사용되었다.

해당 구상안의 특징 중 하나는 자동차와 보행자의 병존이다. 그는 도시에 자동차가 꼭 필요하지만 사람이 원치 않을 때는 숨어 있다가 필요할 때 곧 사용할 수 있어야 한다고 보았다. 한 블록 규모인 해당 구상안에서 도시는 안쪽과 바깥 쪽으로 나뉜다. 사람이 다니는 안쪽은 도시의 앞면에 해당하며 사람의 스케일에 맞는 작은 건물이 들어선다. 차가 다니는 바깥쪽은 높은 건물이 들어서는 뒷면이 된다. 또한 대중교통 정류장 부분을 제외하면 보행로와 차도가 분리된 구조로 차도 옆 인도의 비중이 매우 적다.[23]

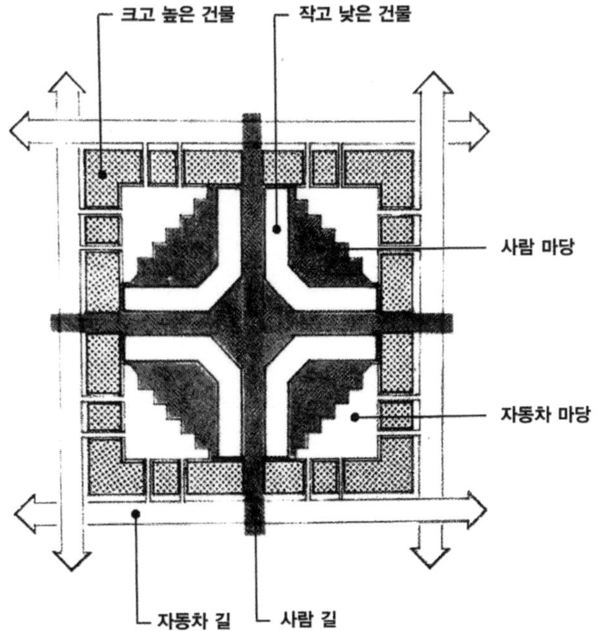

구상안 배치도.
중앙부에 검게 칠한 영역은 사람의 길과 마당이며, 자동차는 코너의 주차장에 머무른다.

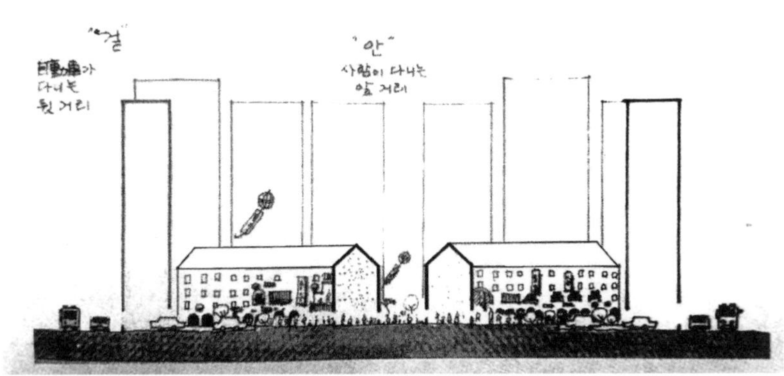

구상안 단면도.
'안' 쪽은 사람이 다니는 앞거리, '겉' 쪽은 자동차가 다니는 뒷거리라고 쓰여 있다.

3 단독주택지의 보차 분리

"보행 동선이 끊어지는 것은 차량 동선을 먼저 계획한 다음에 보행 동선을 계획하기 때문이다."[24]

신도시 단독주택지구의 가로는 대부분 차도와 인도의 구분이 없다. 단독주택 유형에는 1층은 상가나 주차장, 2~4층은 주택으로 이뤄진 일명 점포주택도 포함된다. 이러한 건물이 밀집한 신도시 단독주택지구는 보차 간의 상충 혹은 주차 공간 부족 등의 문제로 가로 환경이 매우 열악하여 보행자에게 위험한 경우가 많다.

우리나라는 전체 교통사고 사망자 가운데 보행 중 사망한 사람의 비중이 특히 높고, 보행자 사고 대다수가 단독주택지구와 같은 9m 미만의 폭이 좁은 도로에서 발생한다. 이 같은 문제에 대응하기 위해 한국교통연구원은 2016년 관련 연구를 진행했다.[25] 해당 연구는 '차량 중심의 격자형 가로망'과 '보행자 배려가 부족한 설계' 등을 문제점으로 지적하고 이를 개선하기 위한 네 가지 전략을 제시한다. 그중 첫 번째인 '보행자 중심의 단독주택지구 계획'은 획지lot나 가구block 설계에 앞서 보행로를 우선으로 고려하는 내용을 담고 있으며 일산 대화동 단독주택지구를 시범 모델로 새로운 설계 대안을 제시한다. 격자 가로망을 탈피하여 보행자 전용 도로를 지구 내 중심 가로축으로 설정하고 이를 기준으로 주거 구역과 공동 주차구역 등 다른 공간을 구획하는 내용이다. 그 결과 교통사고 위험에 대해 안전성이 강화될 뿐 아니라 주차장 등의 주민 공동관리를 통해 공동체 형성 효과까지 기대할 수 있는 것으로 나타났다.

대화동 단독주택지구 현황.

동일 지구의 토지이용계획.

← 보차 혼용 가로가 격자로 설치된 기존안.

→ 보차 망이 분리된 개선안.

일반적인 국내 단독주택지구의 가로.
보차 구분이 없어 보행자와 자동차가 같은 공간을 사용한다.

4 보행자 포켓Pedestrian Pocket

1996년 위스콘신 대학에서 발행한 『보행자 포켓 북*The Pedestrian Pocket Book*』은 TOD(Transit Oriented Development)*와 뉴어바니즘의 개념을 포함하는 도시계획의 예시를 소개한다. 보행자 포켓은 샌프란시스코의 건축가이자 도시계획가이며 뉴어바니즘협회(Congress for the New Urbanism)의 창립 멤버인 피터 캘도프Peter Calthorpe가 주도한 도시계획 개념이다. 일반적인 TOD와 유사하지만 보행 동선이 차도로 단절되지 않는다는 특징이 있다. 책에 소개된 예시는 보행자 동선(경량 철도 이용객)을 중심으로 상업·업무 복합 시설과 광장·공원·주거 등을 배치한다. 자동차는 지역 바깥쪽에서 접근하며, 통과 도로가 없어 불필요한 교통량이 발생하지 않는다.

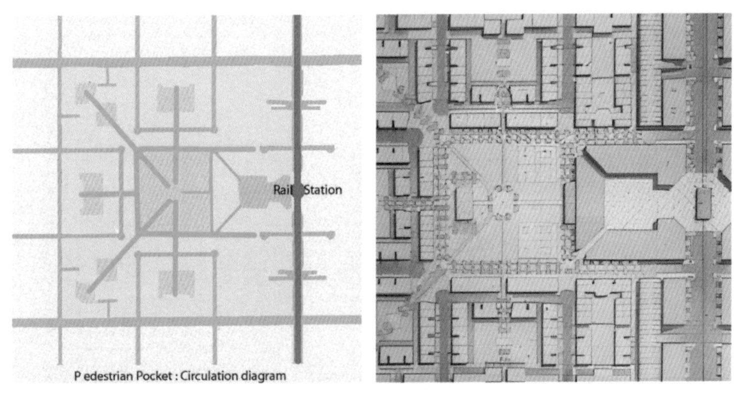

Pedestrian Pocket 개념도

* 대중교통 지향형 도시개발. 도시계획적인 측면에서 TOD는 무분별한 도시의 외연적 확산을 억제하고 승용차 중심의 통행 패턴을 대중교통 및 녹색교통 위주의 통행 패턴으로 변화시키는 기법으로 인식된다. 이 개념은 피터 캘도프가 1993년 그의 저서에서 처음 정립하였다. 편집자주.

불완전한 완전 가로Complete Street

'완전 가로'란 노약자를 포함한 모든 보행자와 자전거·대중교통·자동차 등 다양한 교통수단이 안전하게 어울려 통행하는 가로 혹은 그러한 정책적 지향점을 말한다.[26] 이는 보행자와 자전거 중심의 도로 체계를 추구하는 유사 정책들을 포괄하는 개념이다. 해외 선진국의 교통정책 관련 기관은 이를 구현하기 위한 안내서와 지침 등을 개발해 보급하고 있다. 우리나라도 서울을 비롯한 여러 지자체에서 보행자를 위한 가로 정비의 기본 방향으로 완전 가로 개념을 도입해 많은 진전을 이뤘다.

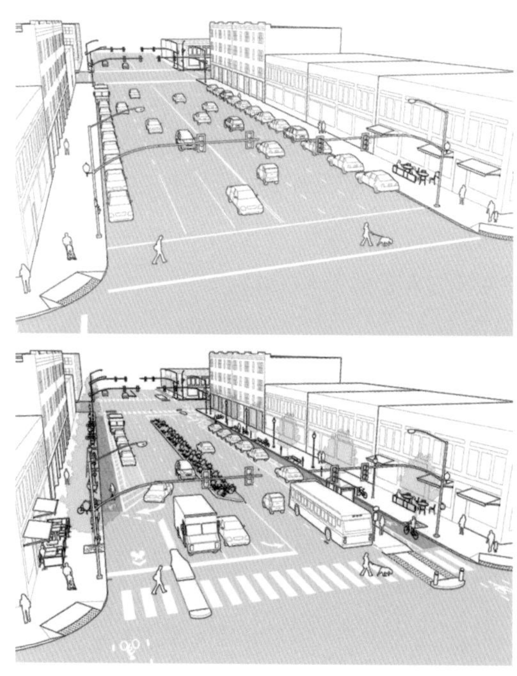

완전 가로 디자인 적용 전후 예시

다만 이러한 개념을 정책으로 만들고 시행하기에 앞서 분명히 짚고 넘어가야 할 부분이 있다. 자동차 중심의 가로 체계를 자동차와 자전거, 사람이 공존하는 방향으로 개선하는 일은 바람직하지만 자동차를 마치 '완전함'을 위한 필수 요소인 것처럼 받아들여서는 안 된다는 것이다. 자동차와의 공존을 전제로 보행 환경을 개선하려는 시도는 현재의 가로 체계에서 차도를 들어낼 수 없는 현실적 여건 때문이다. 가로 활성화와 장소의 창출에 자동차가 반드시 필요한 것은 아니다. 이 점을 오해하면 백지상태에서 최초로 교통체계를 구상할 때 굳이 차와 사람을 같은 공간에 공존시킬 이유가 없음에도 타성적으로 보차가 공존하는 완전 가로 방식을 택하는 일이 발생한다.

물론 특정 상황에서는 자동차가 가로 활성화에 도움을 주기도 한다. 노상 주차장이 있는 쪽의 상가가 없는 쪽보다 더 활성화된다거나, 자동차가 지나다니면 자연 감시 효과로 인해 가로가 더 안전해진다거나 하는 식이다. 그러나 어떤 경우에도, 같은 수의 보행자보다 자동차의 유입이 더 바람직한 상황은 없다. 중요한 건 자동차가 아니라 그 안에 탄 사람들이다. 걸어다니거나 자전거 또는 대중교통을 탄 사람들이 훨씬 더 강력한 상호작용으로 가로를 풍성하게 만든다. 더욱이 사고·소음·공해·주차 등 자동차로 인한 일련의 문제에서 가로를 자유롭게 할 수 있다.

무엇보다 자동차·사람·자전거·PM(Personal Mobility) 등 모든 교통수단이 안전하게 공존하는 완전 가로는 현실에서 구현할 수 없는 이상향에 가깝다. 도시설계자가 경계석의 높이를 낮추고 낮은 속도로 어울리는 것이 바람직하다고 아무리 주장한들, 매일 교통사고를 마주하는 경찰에게 보차의 어울림은 원천 차단해야 할 위험 상황일 뿐이다. 빠르고 단단한 자동차와 느리고 상처 입기 쉬운 사람은 마치 물과 기름처럼 함께하기 어려운 존재다. 턱을 낮추어 보차를 조화시키는 개선안보다 보행자를 격리하는 수준의 안전 정책이 주로 도입되는 현실적인 이유가 여기에 있다. 기존 시가지에선 이미 건축물이 다 들어서고 길이 만들어져 있어 사람이 자동차와 함께 다닐 수밖에 없다. 기존의 도시를 바꾸기 위해선 보차 간의 이상적인 조화를 추구하고 공존을 모색하는 일이 매우 타당하고 적절하다. 하지만 새로이 계획하는 신도심에서 굳이 물과 기름을 섞을 필요는 없다. 보차가 서로 만나지 않고도 제 기능을 다하도록 분리하면 된다.

보차 공존의 현실.
왕복 2차로의 좁은 이면도로에도 펜스를 설치한다.

11 Serve: 도시를 위한 건축

공간의 정의definition

공공공간의 좋고 나쁨은 어떻게 평가할까? 도시 공간의 품질이나 수준, 상태를 결정하는 요소는 무엇일까? 공간 자체는 말 그대로 비어 있는 상태를 의미한다. 그러므로 공간의 물리적 범위를 한정하는 경계부에 따라 공간의 성격과 쓰임새가 달라진다. 즉, 공간을 규정define하는 것은 공간의 '경계'다. 광장 경계부의 건축물을 예시로 살펴보자. 건축물의 외벽은 광장이 입은 옷이 되고 바닥 면과 함께 광장의 인상image을 형성한다. 이에 더하여 바닥의 재질과 광장 안의 시설물은 광장의 쓸모를 결정한다. 광장을 둘러싼 경계 중 한 면이 큰 길이나 공원에 접해 있다면 다소 개방적인 광장이 될 것이다. 하지만 두 면 이상이 차도나 공원 등 열린 공간에 접해 있다면 과도한 개방감 때문에 광장의 영역성이 희미해진다. 쉽게 말해 광장의 존재감이 약해진다. 그 광장은 도시 활동을 담는 그릇이 되지 못하고 단순히 넓은 통로로 인지될 가능성이 크다. 사람들은 무작정 열린 공간이 아니라 명확하게 설계된 개방감, 경계가 뚜렷한 공간에서 느껴지는 개방감을 선호한다.[27] 이러한 관점에서 도시를 가득 채운 건축물의 겉면은 제각기 면한 공공공간의 경계로서 영역을 규정하고 그 수준과 용도를 결정하는 데 중대한 역할을 하게 된다.

주변 건축물이 가로와 광장의 규모와 인상, 성격을 결정한다. 베른, 마드리드.

건축물의 겉과 속

누군가 건물을 짓는다고 가정해 보자. 건축주는 막대한 비용을 투자한 만큼 자신의 주관을 반영하고 최대한의 효용을 창출하기 위해 노력하기 마련이다. 하지만 건축주는 건물을 구상하는 단계부터 지역의 도시계획이나 건축법에 따른 여러 행정 절차상의 검토와 규제에 직면하게 된다. 이때 안전과 관련한 성능 확보에 대한 요구가 핵심인 내부와 달리 외부는 외부 공간이나 경관 등 형태에 관한 제약이 주를 이룬다. 특히 각종 위원회 심의 등을 거치는 외부적 제약은 기능뿐 아니라 심미성과 주관적인 부분까지 망라한다. 사유재산인 건축물의 외관을 조성하고 활용하는 일에 제약을 두는 이유는 앞서 살펴보았듯 공공공간의 경계가 되는 건축물이 그 공공공간의 형성과 기능에 막대한 영향을 끼치기 때문이다. 건축물은 내부적으로 특정한 공간 조성을 목표로 하지만 동시에 외부는 바깥에 형성되는 공공공간에 이바지하도록 도시를 향하여 설계되어야 한다.

도시계획의 직무 유기

건물 외부에 공공공간을 만들어내는 건축의 공적인 역할은 개별 건축물의 수준과 무관하게 부여된다. 텅 빈 공간의 옆에 들어선 건물의 외벽은 여러 사람의 눈에 띌 수밖에 없기 때문이다. 그러므로 우수한 품질의 공공공간을 창출하고자 한다면 최종 결과를 미리 예측할 수 있도록 사전에 주변 건축물의 건립 과정을 통제하는 역할이 필요하다. 앞서 언급한 규제나 심의도 조화로운 공공공간 형성에 일정 부분 도움을 주겠지만 건축주와 건축가의 금전적 지출, 시간 투입을 추가로 끌어내는 데는 한계가 있을 수밖에 없다. 그뿐만 아니라 건축주가 이를 감내하고 적극적으로 협조한다 해도 모든 문제가 해결되는 것은 아니다. 건축주와 건축가를 비롯한 허가권자와 심의위원 등 모든 참여 주체는 저마다 공공공간에 대한 주관적 취향을 지닌다. 이 다양성이 한데 어우러져 하나의 건축물이 완성된다. 게다가 건물 인허가가 완료되기까지는 짧아도 수개월이 걸리며, 한 공간을 둘러싼 모든 건물의 인허가는 종점이 불분명한 매우 장기적인 과업이다. 그 와중에 참여 주체는 계속 바뀌게 된다. 한 사람의 주관도 시시때때로 변하는데 여러 사람의 주관이 연속성을 가질 확률은 얼마나 될까? 만약 어떤 공공공간을 둘러싼 건물의 형태와 용도, 동선을 미리 정해놓지 않는다면 그곳은 무작위로 건조된 개별 건물이 모여 만들어진 누더기가 될 수밖에 없다.

우리 도시도 나름의 계획을 수립하여 조화로운 경관을 조성하도록 관리하지만, 건축의 기준이 되는 형태적인 지침이나 규제가 상세하지 않아 건축설계의 자유도가 너무 높다. 주변에서 일정한 패턴으로 통일성과 조화가 느껴지는 경관을 찾아보기 어려운 까닭이다. 결과적으로 우리는 개별 '건축'으로 공공공간의 모습을 결정하며 '도시'를 만들어가고 있다. 우리 도시의 공공공간은 철저한 사전 계획을 통해 구현된다기보다는 느슨한 계획하에 무작위적으로 생겨난다고 표현하는 편이 실상에 더 가깝다.

공공공간을 둘러싼 조화로운 건축물과 조화롭지 않은 건축물.
크로아티아의 두브로브니크, 한국의 서교동.

미흡한 도시계획이 초래하는 문제는 심미적인 면보다 기능적인 측면에서 더욱 심각하다. 시각적 통일성이 부족하고 아름답지 못한 풍경은 바람직하지는 않지만 중대한 문제를 일으킬 여지는 적다. 그러나 기능적인 검토가 부족하여 공공공간이 제 기능을 다하지 못하면 도시 전체의 활력과 경제활동, 안전 등 삶의 질 전반에 악영향을 끼친다. 예를 들어 1층에서 광장으로 직결되지 않는 건물이나 특정 사람만 이용하는 건물이 광장의 경계를 형성한다면, 지역 내 소통의 중심 공간으로서 광장의 잠재력은 상당히 약화할 것이다. 요컨대 앞서 보행자를 위해 마련한 공공공간이 온전한 공공의 장소로 거듭나기 위해서는 주변 건축물이 공공공간의 경계이자 일부로 계획되어야 한다. 그리고 이 과정은 건축설계 단계가 아니라 건축물의 기반이 되는 도시를 만드는 시점에 '도시설계'를 통해 이루어져야 한다.

도시를 계획하는 주체는 그 도시의 미래상을 구체적으로 제시하고 이를 위한 개별 건축물의 역할과 책무를 도면을 통해 명확히 규정하고 통제해야 한다. 주택 공급량과 같은 수치적인 목표만으로 유형별 세대수를 계산하고 도면에 필지를 구획하는 행위는 온전한 도시계획이라고 할 수 없다. 이보다 먼저 구체적인 그림image으로 시각화한 계획을 공유해야 한다. 구획된 필지가 민간에 분양되어 사유재산이 되는 순간 처음부터 다시 그림을 그릴 방도는 없다. 안타깝게도 그것이 우리 도시의 현주소다. 지금 만들어지는 도시들 또한 극적인 변화가 없는 한 다르지 않을 것이다. 이제라도 도시계획의 탈을 쓴 '필지 구획'에서 벗어나 명확한 공간의 상image을 제시하고 건축을 통해 이를 현실로 끌어내야 한다.

소중한 상가

다시 건축물로 돌아가서 건축물이 도시 공공공간에 어떻게 도움을 줄 수 있을지 고민해 보자. 도시 안에 밀집한 차량은 각종 사회 비용을 유발하는 문제 요소지만, 도심의 인파는 도시 활력에 소중한 자원이다. 사람으로 붐비는 거리는 도시가 살아있다는 증거다. 좋은 도시계획엔 많은 사람이 가로로 나와 활동하도록 유도하고 도시 내 유동 인구를 가장 효과적으로 활용하는 방안이 포함되어야 한다. 이러한 관점에서 가로 활성화에 가장 유효한 용도의 건축물은 단연 상업 시설이다. 상가는 손님을 맞이해야 하므로 대중에게 호의적으로 개방되고 지나가는 사람의 관심을 끌기 위해 상품 진열이나 분위기 연출에 심혈을 기울인다. 상가의 이러한 노력이 거리의 사람들에게 다양한 볼거리와 즐거운 경험을 선사한다. 활성화된 상업 가로의 매력은 사람들을 끌어모으는 힘이 있고 거리의 사람들은 그 자체로 또 다른 사람에게 매력 요소로 작용한다.[28] 도시를 대표하는 중심 상업 공간이 아니더라도 마을 안에 작은 상업 구역이 활성화되면 이웃 간 만남과 교류의 장소로 지역 공동체 형성을 촉발한다.

이렇듯 상가는 도시 활성화에 매우 유용한 요소지만 모든 곳에 무한정으로 배치할 수는 없다. 물건이나 서비스를 구매할 손님의 수에 한계가 있기 때문이다. 상가를 너무 많이 계획하면 손님이 없어 임대료를 감당하지 못해 공실이 늘어난다. 그러므로 도시를 계획할 때는 가능한 한 적은 수의 상가를 계획하면서도 가로 활성화 효과는 극대화하도록 해야 한다.

> "만약 고층 상가 건물을 좀 낮추고 대신 주변 주거용 건물의 1층을 상가로 이용하면 어떨까? 재미있게 걸을 수 있는 거리가 그만큼 늘어날 것이다. 신도시의 단독주택지구 중 1층에 근린생활시설이 들어설 수 있는 지구 내 거리가 카페골목이니 먹자골목이니 하는 이름으로 변모하는 이유도 1층에 상업 시설 수요가 그만큼 많다는 점을 방증하는 것은 아닐까 싶다."[29]

되도록 많은 사람이 상가 앞을 지나도록 가로망을 계획해야 하며, 상점을 큰 고층 건물 하나에 몰아넣기보다는 1층 가로변에 배치하는 것이 좋다. 상점이 여러 층으로 집적된 이른바 집합 상가는 방문객이 많다고 해도 도시 활성화 측면에서 바람직하지 않다. 건물 내부로 사람들을 흡수해 거리 위의 유동 인구가 줄어들기 때문이다. 사람들로 북적여야 할 곳은 도심의 공공공간이지 건물 안의 복도가 아니다. 앞서 이야기했듯이 유동 인구는 도시의 활성화를 위한 소중한 자원이다. 출퇴근·등하교·쇼핑·산책·운동 등 다양한 목적으로 길 위에 나온 모두가 서로를 발견하고 인사하며 어울리게 하는 경로를 만들고, 건축물도 이를 지원하는 방향으로 조성되어야 한다.

차도 옆의 인도를 압도하는 집합 상가. 상가가 사람들을 흡수해 한산한 보행로.

저층 상업지역은 도시 중심부에

신도시에서는 구도심과 같은 좁은 골목길이 좀처럼 보이지 않는다. 대신 시내 중심부가 아닌 단독주택지 혹은 저층 점포주택 지역에 들어선 멋진 카페나 식당의 모습은 쉽게 찾아볼 수 있다. 큰 집합 상가 건물에 입점하는 가게와 달리 독립된 부지에 외관부터 인테리어, 조경까지 개방감이 느껴지도록 아름답게 꾸민 1~2층의 건물이 많아 소위 핫 플레이스로 인기를 끌곤 한다. 문제는 이 상가들이 단독주택 주변에 있다는 점이다. 원래 이러한 근린 상업 용지는 단독주택지 주민을 위한 편의점, 세탁소 등의 입점을 고려한 계획이다. 하지만 실상은 자동차를 타고서라도 찾아오는 장소가 되어 단독주택지의 평온한 주거 환경을 훼손하고 골목길 정체나 주차 등 교통 문제를 유발한다. 또한 도시에서 가장 활성화되어야 할 도심 상업지역의 유동 인구를 분산시킨다. 수십 년간 이러한 현상을 목격하면서도 같은 계획을 반복하는 신도시 개발의 자취를 보면 본래 의도가 무엇인지조차 불분명해 보일 지경이지만, 잘못된 것은 바로잡아야 한다.

정온해야 할 단독주택지역의 상점과 방문객의 주차 행렬.

단독주택지의 상가를 찾는 자동차의 행렬은 곧 소규모 저층 상업 시설에 대한 수요가 있음을 의미한다. 그러니 도시계획 단계부터 이를 핵심적인 도시 기능으로서 지역의 중심부에 일정량 확보해야 한다. 대중교통 접근성이 높아 자가용 없이도 쉽게 방문할 수 있는 도시 중심부는 외곽 지역의 카페 거리와 달리 교통량 유발을 감소시킨다. 학생 등 자가용을 이용하지 않는 계층을 포함한 많은 사람이 저층 상업 시설을 이용할 수 있으니 손님과 상인 모두에게 이익이다.

인터넷 쇼핑의 시대

사람들이 인터넷으로 물건을 사기 시작하면서 길 위의 상점이 점차 사라지고 있다. 음식점은 늘었지만 배달이 많아졌기 때문이라고 하니 쇼핑이나 외식 같은 집 밖의 도시 활동, 특히 동네 안에서 이뤄지는 외부 활동은 전반적으로 위축되었다는 이야기다.[30] 새로운 도시설계에는 근린 상업을 활성화해 사람들을 거리로 유인하는 방안이 담겨야 한다. 카페의 판매 상품은 음료가 아니라 '공간'이라는 말처럼 상가도 판매 상품 외에 추가적인 경쟁력이 필요하다. 백화점이나 아웃렛이 개방적인 내부 구조와 인테리어, 휴게 공간, 문화·편의 시설로 사람들을 유인하듯 근린 상가는 상가가 속한 가로의 품질로 경쟁해야 한다. 물건이 필요해서 집을 나서는 것이 아니라 사람들로 가득 찬 생기 넘치는 거리를 방문하는 김에 필요한 물건도 사도록 해야 한다. 그러므로 가로수 그늘·벤치·노천 테이블·수 공간·분수·기념비·조형물처럼 사람들을 머물게 하는 요소의 적극적인 검토와 도입이 필요하다. 또한, 개별 상점에서 가로가 소중한 공동의 자산임을 인지하는 것도 중요하다. 경쟁적으로 광고판을 내걸어 경관을 해치기보다는 가로 환경의 품질을 유지할 수 있도록 적극적으로 연대하고 가꾸는 노력을 기울여야 한다.

가로와 광장의 활성화에 기여하는 상업 활동. 피사, 몬테로소, 밀라노.

햇빛이 사라진 후에는 상업 시설의 역할이 더욱 커진다. 베네치아.

가로에 생기를 부여하는 크고 작은 노력. 밀라노, 피엔차.

젠트리피케이션의 해법

새로운 도시계획은 젠트리피케이션gentrification 문제 또한 해결할 수 있다. 젠트리피케이션이 발생하는 과정은 다음과 같다. 먼저 젊은 감각과 아이디어로 무장한 소자본 창업가들이 임대료가 저렴한 지역에 카페·음식점·공방을 개업하여 성공적으로 자리 잡고 상권을 활성화한다. 다음 단계로 상권이 활성화되어 부동산 가치가 급격히 상승하자 건물주가 임대료를 과도하게 인상한다. 높은 임대료는 판매 상품의 가격 인상으로 이어지고 손님은 줄어든다. 창업자의 수익 감소와 함께 영업을 지속할 유인도 사라져 결과적으로 해당 상권의 서비스 수준이나 방문객의 만족도가 전반적으로 악화한다. 마지막 단계로 악화한 여건을 감당하지 못한 창업자들이 임대료가 저렴한 다른 지역으로 옮겨가는데 그곳에서도 같은 문제가 반복된다.

많은 사람이 건물주의 과도한 욕심과 횡포를 문제의 원인으로 진단하여 해결책을 모색한다. 실제로는 건물주들이 모여 임대료를 동결하는 등 상생 노력을 펼치기도 하지만 사람이 몰려드는 곳은 지가와 임대료가 오르기 마련이다. 욕심에 눈이 멀어 황금알을 낳는 거위의 배를 가르는 상황이 안타깝지만 사람들의 욕심을 나무라며 자본주의 체계를 수정하자고 할 수는 없는 노릇이다. 더욱 근본적인 원인은 이러한 사태를 불러온 첫 번째 단계에 있다. 애초에 다수의 방문객을 고려하지 않은 근린 상업지역이 과도하게 활성화되는 현상은 기존의 중심 상업지역이 변화한 소비자의 요구를 충족시키지 못한다는 사실을 드러낸다. 번화가로 계획되지 않은 지역이 급작스러운 대규모 상업 활동을 수용하려면 기반 시설의 용량이나 임대료의 안정성 등에 한계가 있을 수밖에 없다. 기존 정주 환경의 파괴를 비롯한 젠트리피케이션은 이미 발생한 문제의 예정된 결과일 뿐이다.

문제를 근본적으로 예방하기 위해서는 사람들이 원하는 상업 공간을 도시계획 단계에서부터 마련해야 한다. 새로운 도시에는 인간 척도human scale에 맞는 좁은 골목길과 아담한 건물, 소자본 창업이 가능한 작은 점포가 필요하다. 또한 미래의 또 다른 변화에 적응할 수 있는 유연함을 갖추어야 한다. 전국에서 사람들이 몰려오는 명소를 꿈꾸기보단 인근 주민을 위한 지역 상권으로 일상에서 인간 친화적인 공간에 대한 수요를 충족시키는 가로와 경관을 세심하게 설계하고 창출해야 한다. 마을이 매력적이고 유연한 근린 상업 시설과 가로를 갖추면 새로운 아이디어를 가진 이들은 멀리 갈 필요 없이 동네에서 기회를 모색할 것이다. 그에 따라 주민들은 일상에서 새로움을 경험하고 누리게 된다. 근린 상가들이 본래의 역할에 충실할 수 있다면 시간이 흐르면서 지역마다 상업 가로의 특색이 생겨나고 사람들은 서로 다른 동네에서 다양한 즐거움을 누릴 것이다.

유연한 도시

도시계획가가 유념할 또 다른 부분은 건축물의 지속 가능성이다. 시대의 흐름에 따라 모든 것은 변화하기 마련이고, 토지나 건축물의 활용 방식과 같은 도시 공간에 대한 시장의 요구도 예외는 아니다. 건축물이 변화의 흐름을 유연하게 수용하는 하나의 방법은 너무 거대해지지 않는 것이다. 많은 사람이 지분을 나눠 가진 큰 건축물은 변화를 위한 의사결정에서 합치를 이루기 어렵고, 융통해야 하는 자본도 비대해 변화에 유연하고 신속하게 대처하기 힘들다. 변화에 적응하지 못한 건물에 사람들의 발길이 끊기고 오랜 기간 공실로 방치되면, 그 부정적인 여파는 주변 공공공간으로 번진다. 같은 면적이라도 대규모의 단일 건물보다는 소규모의 여러 건물로 구성된 지역이 변화에 유연하게 발맞추며 부가가치를 창출할 가능성이 크다.[31] 그러므로 토지 이용계획이 경직된 규제로 작용하지 않도록 복합적인 용도를 지정하는 등 토지 활용의 유연성을 높이는 노력이 필요하다. 이와 더불어 도시 내 주요 공공공간 인근의 건축물이 너무 거대한 덩어리가 되지 않도록 필지를 적절히 나눌 필요가 있다.

공간의 높이

공공공간의 높이는 건축물의 높이로 규정된다. 광장이나 길과 같은 공공공간의 경계에 자리한 건축물의 외벽은 공간의 부피volume를 인지시켜주는 틀이다. 공간이 위로 길쭉하면 상대적으로 좁고 답답한 느낌을 주고, 공간이 너무 납작하면 위로 트인 개방감은 높아지는 대신 불분명한 경계 탓에 아늑함을 느낄 수 없다. 이는 비율의 문제로, 가로의 너비에 따라 적정 높이가 달라진다. 다만 인간 신체의 제약 때문에 무한정 커지거나 좁아질 수는 없다. 얀 겔에 따르면 가로 위의 보행자와 건물에 입주한 사람이 교감을 나눌 수 있는 높이의 한계는 5층 정도다.[32] 이러한 비례와 높이의 한계를 헤아려 보행로에 면한 건축물의 높이를 계획하여야 한다. 그렇지 않으면 공공공간과 건축물이 소통하지 못하고 담벼락과 다를 바 없는 황량한 보행 공간이 생겨난다.

가로 공간의 비율. 폭과 높이는 달라도 비례감은 유사하다.

공간을 만드는 건물

도시를 건물과 공간의 집합으로 단순화한다면 지금 우리 도시의 주인공은 건물일까 공간일까? 이 질문의 답은 건물과 공간이 만들어낸 도시의 형태에서 드러난다. 공간이 주인공이라면 건물은 공간에 순응할 것이고, 건물이 주인공이라면 건물은 공간이 어떻게 되든 아랑곳하지 않고 자신을 뽐낼 것이다.

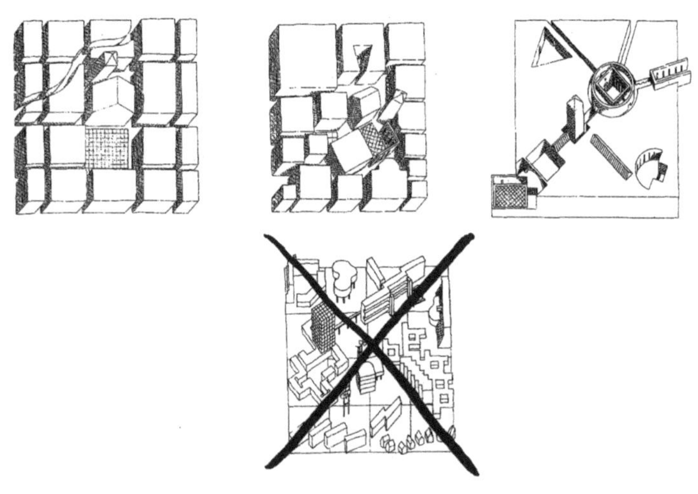

도시 공간의 네 가지 유형.
리온 크리어는 도시 공간을 네 가지 유형으로 나눈다.
앞의 셋은 전통적인 도시 공간의 유형이고 네 번째는 모더니스트적인 도시 공간 형태다.

리온 크리어Léon Krier에 따르면 전통적인 공공공간과 달리 현대 도시계획의 공공공간은 무작위로 발생한다.[33] 위 그림의 네 번째 예시와 같이 근현대의 건축물은 주변 공공공간을 형성하는 역할에서 벗어나 자신의 부지 내에 자유롭게 들어서기 때문이다. 제인 제이콥스Jane Jacobs 또한 도시가 도시 공간과 건축물의 '복합체'에서 '개별 건축물들'로 변모했다고 평가했다.[34] 우리 도시의 건축물도 건물 바깥의 공공공간 형성에 부여받은 일체의 역할 없이 마냥 자유롭게 자신을 드러낸다. 규제가 전혀 없는 것은 아니지만 건폐율*이나 용적률**처럼 면적과 부피에 대한 수치적인 제약이 주를 이루고, 형상에 대한 제약은 사실상 없다시피 한다. 예를 들어 토지이용계획에서 광장 부지를 확보하더라도 실제 광장을 공간으로 형성하기 위한 지침인 지구단위계획에서 주변 건물을 통제하는 내용은 매우 개괄적이며 방관자적인 수준이다.

물론 일정 규모를 넘어가면 건축위원회나 경관위원회가 심의를 통해 건축물의 설계 내용을 검토한다. 검토 내용에 인접 공공공간과 주요 시설 등 도시적 맥락이 포함되긴 하지만 마찬가지로 개별 위원의 주관적인 판단과 견해에 의존한다는 한계를 벗어나기 어렵다. 심의 때마다 내용이 달라질 수 있는 것이다. 더욱이 주변 건물 혹은 도시 맥락과의 부조화가 법령이나 조례를 명시적으로 위반하는 사항은 아니므로 위원회 심의를 적극적인 규제 수단으로 활용하기는 어렵다. 심의 중 어떤 의견이 나올지 사전 예측이 불가하다는 점도 치명적인 단점이다. 다소 주관적인 심의 의견에 따른 설계 변경이 건축주에겐 부담스럽고 부당하게 느껴질 수 있기 때문이다. 이 때문에 국토부는 2015년부터 심의 기준을 마련하여 각 지역의 건축위원회가 과도한 규제를 가하지 않고 객관적으로 투명하게 운영되도록 유도하고 있다.

이런 식으론 제각각 지어지는 건물 사이로 어떤 공간이 그저 생겨날 뿐이다. 사람들을 불러 모으는 아름답고 효율적인 공공공간은 찾아볼 수 없는 것이 우리 도시의 현실이다. 결과적으로 자유로운 건물 배치에 따라 공적 공간이 무작위로 형성된 우리 도시의 모습은 앞의 그림 중 가위표를 친 마지막 유형에 가깝다.

* 위에서 내려다볼 때 필지 내에서 건축물이 덮고 있는 면적의 비율.

** 건물 지상부 각 층의 총 바닥 면적이 필지의 몇 배인지 나타내는 비율.

신도시 건축물 가운데 가장 큰 비중을 차지하는 아파트의 배치는 단지 내 세대수를 최대로 만드는 과정에서 결정된다. 주동 사이의 외부 공간은 어떠한 목표나 의도 없이 임의로 생겨나며 사후에 적정한 용도를 지정할 뿐이다. 공공청사들은 부여받은 필지 안에 건축계획을 하면서 자기만의 세상을 만들어낸다. 독자적인 판단으로 나름의 조화를 추구하며 건물을 배치하고 개방된 공간도 계획하지만 도시 전체로 보면 무질서한 작은 공간의 조각일 뿐이다. 상가 용지는 대체로 건폐율이 높아 필지를 가득 채운 건물이 들어서므로 공간 창출의 여지가 적은 편이다. 이러한 공간의 조각들이 도로·광장·공원과 함께 건물의 바깥을 만들어낸다.

무계획적인 도시 공간의 발생을 방지할 목적으로 건축물을 정돈하려는 노력에 부정적인 시선을 보내는 사람들도 있다. 주로 건축 디자인의 예술적 측면을 중시하는 관점이다. 건축주가 사유재산을 마음대로 사용할 권리 또는 건축가가 자유롭게 창의성을 발휘해야 할 필요성을 내세워, 정돈된 도시경관을 단조롭고 획일적이며 지루한 것으로 평가절하한다. 그러나 몇 차례 언급했듯이 주변 공공공간에 막대한 영향을 끼치는 건축물의 공적인 특성을 고려할 때, 도시적 맥락을 형성하는 공공의 가치를 위해 건축물의 자율성을 일정 부분 규제해야 한다. 즉, 건축 디자인의 창의와 자율성의 실현은 도시 전체의 조화와 통일이라는 큰 그림 안에 국한되어야 한다. 상대적으로 실내·중정 등 건축물의 사적인 부분에 대해선 비교적 높은 자율성을 보장할 수 있다.

더 나아가 건축물의 외관을 규제하는 근거가 지금처럼 '주변과 조화롭게 건축하여야 한다'라는 식으로 도시계획에 포함된 한두 줄 문구에 그쳐선 안 된다. 책임이 있는 공공기관에서 건축물을 비롯한 공간의 형태를 투시도와 같은 '그림'으로 검토하여 확정하는 단계가 필요하다. 그리고 이 그림을 세심한 도시설계 과정을 거쳐 '도면'으로 전환한 뒤 토지를 공급(매각)할 때 건축주에게 토지의 소유권과 함께 건네야 한다. 그래야 비로소 건물이 공간에 순응하게 된다.

독일은 골격계획Rahmenplan이라는 밑그림을 바탕으로 구체적인 공간 설계와 테스트 디자인을 거쳐 세부적인 지구상세계획B-Plan 지침을 설정한다. 이를 통해 주변 패턴(맥락), 보행 네트워크, 스카이라인 등을 반영한 도시 공간을 창출할 수 있다. 우리나라는 보행자 시각에서 바라보게 될 도시 공간에 대한 고려가 부족한 탓에 법적인 요건과 수치를 중심으로 도시계획을 수립하고 있다. 결과적으로 건축물을 통제해야 할 지침 또한 상세하지 못하며 획일적으로 만들어진다.[35]

아래 B-Plan은 우리나라의 개괄적인 지구단위계획 관행과 달리, 건축물의 배치는 물론 외벽의 세부적인 돌출 형태까지 규정하여 관리하고 있다. 가치있는 가로 경관을 창출하고 지켜나가기 위해서는 구체적인 그림과 기준이 필요하다.

빈의 B-plan과 현장 전경.

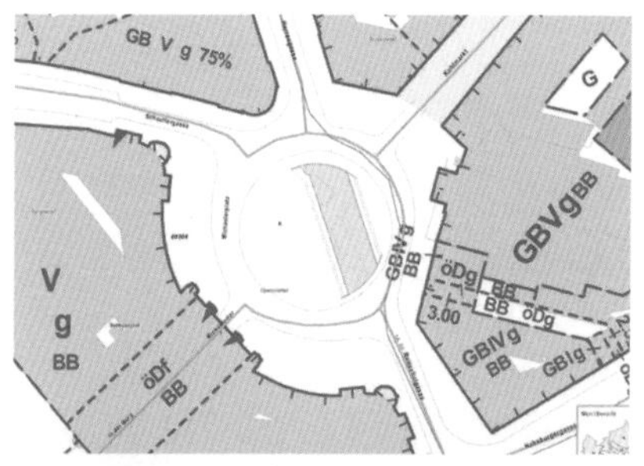

공원의 가격

비록 초라한 나무 몇 그루와 잔디가 전부인 작은 공원일지라도, 그 속엔 눈에 보이는 조경물 이상의 비용이 담겨 있다. 도시를 만들 때 토지를 확보하고 도로·공원·상하수도 등 기반 시설을 건립하는 데 투입되는 막대한 자금은 최종적으로 도시에서 생활하는 시민들이 부담하게 된다. 예를 들어 도시개발공사가 토지 매입과 기반 시설 건립에 사용한 비용은 조성이 끝난 토지를 주택·상업·업무 용지 등으로 분양(판매)하여 회수한다. 각 용지를 구매한 건축주는 건물을 짓고 세입자의 월세로 땅값과 건축 비용을 충당한다. 그리고 세입자는 손님인 시민들을 대상으로 영업하여 월세를 내고 그 도시에서 살아간다. 다른 변수들이 있긴 하지만 기본적으로 공공기관이 도시를 비싸게 만들면 시민들은 높은 월세와 물가를 부담해야 한다. 그러므로 도시를 만들 때는 단 1m²의 땅이라도 낭비하지 않고 효율적으로 활용함으로써 최대의 부가가치를 창출하도록 계획하고 설계해야 한다. 도시 개발에 드는 비용이 동일하다면 토지 활용성을 극대화하는 도시계획이 임대료와 물가 부담을 줄일 수 있다. 공원계획에 공을 들여야 하는 이유다.

우거진 수풀을 밀어내고 기반 시설을 새롭게 확충한 지역에 다시 나무를 심는 일은 일견 비효율적으로 보일 수 있다. 그러나 시민들의 여가와 휴식을 돕는 공원과 녹지도 도시 내에 일정 부분 필요하다. 이러한 취지로 일정량 이상의 공원을 설치하도록 강제하는 제도가 있다. 그러다 보니 도시 내 공원의 물리적인 면적은 일정 수준 확보되지만, 도시 개발 사업자에게 공원은 주거·상업 용지처럼 판매를 위한 상품이 아니므로 공원의 위치나 형태를 설계하는 일에 소홀하기 쉽다. 하지만 같은 면적이라도 그 배치와 설계에 따라 공원이 창출하는 효용은 천차만별하다.

같은 맥락에서 녹지에 대한 맹목적인 선호나 보존 요구도 경계해야 한다. 무미건조한 도심에 자연환경이 일부 필요한 것은 맞지만 신도시를 조성하면서 그 중심부에 녹지를 너무 많이 남기면 그만큼 활용할 수 있는 땅이 줄어 도시 규모와 기반 시설의 효율이 낮아진다. 사람들은 접근하기 좋고 잘 관리된 산책로가 있는 녹음을 선호한다. 넓은 녹지를 조성하고 관리하려면 큰 지출을 감당해야 한다. 그렇다고 자연 상태로 그냥 둔다면 별다른 효용은 창출하지 못하면서 아까운 땅을 사용하지 못하는 상태가 된다.

공원의 위치

신도시에서 공원이 도시의 어느 부분에 있는지를 통해 도시를 만든 이가 공원을 얼마나 중요하게 생각했는지 가늠해 볼 수 있다. 적절한 위치에서 많은 시민의 사랑을 받는 공원도 있지만 그렇지 못한 경우도 많다. 보통은 경사가 심해 평탄화하지 못한 산지나 녹지를 공원으로 사용한다. 하천을 따라 일률적으로 조성된 공원, 도로 소음으로부터 주거지를 보호하기 위해 옆으로 나란히 쌓아 올린 완충재 같은 공원도 있다. 이러한 공원도 나무와 산책로를 갖추고 있지만, 차지하는 면적과 입지에 비해 효용이 너무 적다. 앞서 이야기했듯 일상의 경로에서 벗어난 산책로는 특별히 시간을 내서 마음먹고 찾아갈 때만 효용이 발생하기 때문이다. 공원의 목적에 맞게 휴식처로서 도심에 설치된 근린공원도 있지만 주변의 보행 체계와 통합되지 않아 대부분 옆으로 스쳐 지나갈 뿐 좀처럼 이용하지 않는 경우도 많다. 눈으로라도 잠시 바라볼 수 있으니 적으나마 쓸모가 있다고 해야 할까?

같은 비용을 들여 공원을 만들 때 한 명이라도 더 많은 주민이 찾아오고 누리게 하려면 어떻게 해야 할까? 공원이 앞서 계획된 주 보행 경로상에 자리 잡아야 한다. 그래야만 수많은 주민이 출퇴근 길에 자연스럽게 공원을 드나들며 생태 환경과 자연 속의 휴식을 누릴 수 있다. 값비싼 도심지에 상가나 주택을 포기하고 나무를 심어 가꾸는 보람이 있는 것이다. 그렇게 공원의 이용자가 많아지면 관리 예산을 확대할 명분이 생기고 관리 품질 향상에 따른 만족도 상승과 방문객 증가라는 선순환이 일어난다. 지속적으로 예산을 투입해 지자체가 더욱 꼼꼼하게 공원을 관리하며 최상의 상태를 유지할 수 있는 것이다. 이용객이 적고 방만하게 흩어진 공원은 지자체가 일일이 관리하기도 쉽지 않지만, 안전상의 이유로 방치할 수도 없어 시민들이 누리는 효용은 적으면서도 과도한 유지관리 비용을 지출케 한다.

정리하자면 사람을 만나는 새로운 도시계획의 첫 단추는 다른 어떤 요소보다도 우선하여 주 보행로와 광장으로 이루어진 보행 가로망을 효율적인 형태로 계획하는 일이며, 상가와 공원은 사람들의 행태를 고려하여 각각의 잠재력과 효용성을 극대화하는 방향으로 계획 및 설계되어야 한다.

Ⅳ 어떻게 해야 하는가?

12 계획 범위 설정

말로는 바꿀 수 없는 도시

백 마디 좋은 말로는 도시를 바꿀 수 없다. 말과 생각을 구체적인 형태로 만들어 도면을 통해 도시계획에 반영해야 한다. 다르게 그은 하나의 선이 이전과 다른 도시를 만들어낸다. 그러므로 말을 선으로 바꾸는 과정이 꼭 필요하다. 최근 여러 출판물과 교양 강좌, TV 프로그램으로 우리 도시 환경에 대한 문제의식이 널리 알려지고 '걷고 싶은 도시', '사람 중심의 도시'와 같은 원론적인 도시계획의 방향성과 목표들도 제시되고 있다. 하지만 목표를 실현하기 위한 구체적인 방법론과 절차 등 직접적인 해결책은 아직 명확하게 제시되지 않는다. 결국 우리의 도시계획은 여전히 별다른 혁신이나 문제 해결 없이 기존의 관행을 답습하고 있다.

이번 장에서는 가상의 지역에 3S(Secure, Separate, Serve)를 적용하는 도시설계 과정을 단계별로 소개한다. 새로운 설계 과정을 구체적으로 상상하는 단계까지 독자를 이끌기 위함이다. 이 과정에서 우리는 자연스럽게 주변 모습을 평가하고 무엇부터 어떻게 고쳐 나가면 좋을지 더 쉽게 떠올릴 수 있을 것이다. 많은 사람이 같은 생각을 나누고 공감대를 넓혀가면 그 생각은 곧 현실이 된다.

시작은 대중교통

신도시 만들기의 시작은 계획의 기본 단위인 마을의 크기를 설정하는 일이다. 크기를 결정하는 기준은 다양하지만 자동차를 타는 것보다 걸어 다니는 생활이 자연스러운 도시를 만들 때는 버스, 전철 등 보행의 시작과 끝이 될 대중교통을 가장 중요한 기준으로 삼아야 한다. 기준점으로부터 보행으로 이동하기에 적정한 범위까지가 한 마을의 크기다.

내부 교통체계를 보행 중심으로 만들었더라도 편하게 걸어 다닐 수 있는 범위는 마을을 벗어나기 어렵다. 마을은 자족적인 규모가 될 수 없으므로 마을 밖과 연결하는 대중교통을 먼저 확보하는 일이 무엇보다 중요하다. 그렇지 않으면 시민들은 자가용을 이용하게 되고 늘어난 자동차 통행량은 도로 확장에 대한 요구와 압력으로 이어져 먼저 확충한 보행자 중심의 교통체계도 자동차 중심으로 변질된다. 그러므로 신도시를 개발할 때는 먼저 인근 도심이나 주변 도시로 연결되는 대중교통 노선을 충분히 확보하여 그 정류장을 마을의 중심으로 삼아야 한다.

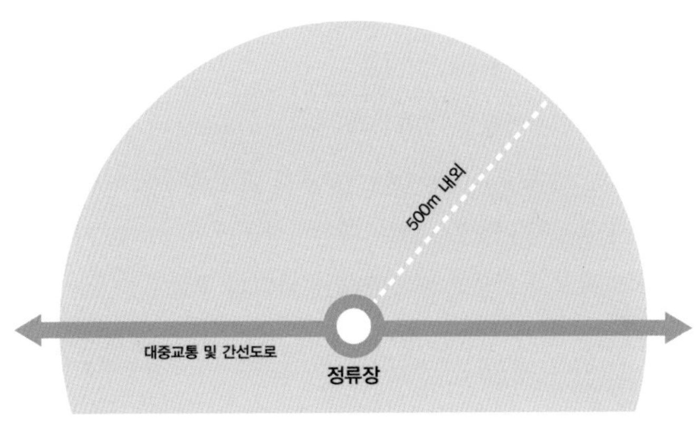

계획 범위 설정

발걸음이 닿는 곳

도보의 적정 범위는 보행로의 경사도나 길가의 재미 요소에 따라 다소 유동적이지만 대체로 5분 내외에서 최대 10분의 보행 시간을 넘기지 않는 것이 좋다. 특히 바쁜 출퇴근 시간에는 도보 이동 구간이 길수록 걷기를 선택하는 일이 큰 부담으로 다가온다. 전체 신도시 조성 지역이 넓다면 여러 개의 마을로 계획해야 한다. 버스정류장을 기준으로 걸어서 출퇴근하기 적당한 범위(500m, 최대 1km)를 고려하여 각각 하나의 마을로 설정할 수 있다.

간선도로처럼 넓고 교통량이 많은 차도는 양옆의 지역을 단절시키므로 앞서 제시한 개념도에서는 하나의 정류장을 반원 모양의 마을 두 개가 공유한다. 이러한 마을 단위를 반복적으로 만들어 각각을 대중교통으로 연결하면 하나의 도시가 된다.

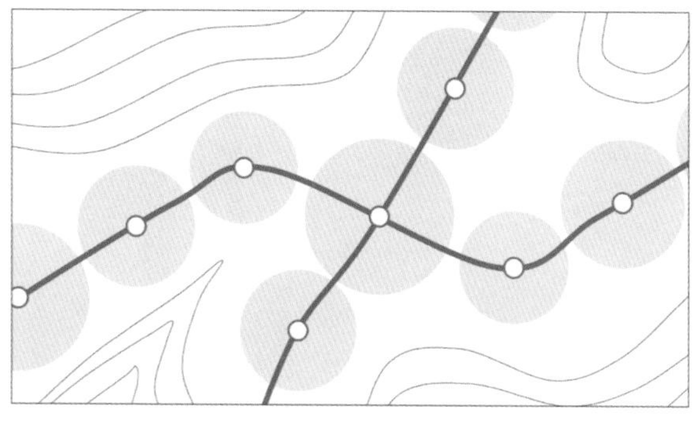

단위 마을의 연결과 확장

만약 중심부를 관통하는 대중교통 운행 도로를 보행자 중심의 생활가로로 조성한다면 위아래 지역을 하나로 통합할 수도 있다. 그렇지만 무리하게 보행자 중심 도로로 만들기보다는 전체적인 도시교통 차원에서 간선도로(차도) 기능의 필요성을 검토하여 계획하는 것이 바람직하다. 어느 쪽이든 보행 동선의 단절과 연결 중 하나를 명확히 선택해야 자동차 통행과 보행 안전 측면에서 모두 유리하다.

도시에는 주거지역 외에도 상업·공업·녹지 등 다양한 기능이 필요하지만 여기서는 주거 중심의 단위 생활권을 예로 든다. 도시의 기본인 주거지역을 바탕으로 새로운 도시설계 방법을 이해하고 나면 다른 중심 기능이나 특색을 가진 마을도 같은 원리를 응용하여 설계할 수 있다.

공공공간과 대중교통이 긴밀하게 연결된 보행자 중심의 도시, 이스탄불.

보행자의 횡단이 편리한 대중교통 중심 도로, 베른.

자동차 통행이 주가 되는 간선도로상의 대중교통, 빈.

13 광장 계획

광장의 위치와 크기

광장은 마을을 오가는 모든 이를 위한 관문이자 대합실concourse이다. 어디서든 쉽게 찾아오도록 대중교통 정류장과 가까운 곳에 계획해야 한다. 다만 광장과 도로가 직접 면하지 않도록 건물 하나가 들어설 만큼 간격을 두어야 한다. 광장은 사람들에게 가장 중요한 공공공간이어야 하고, 그렇게 인식될 만한 중심성과 상징성을 갖추어야 한다. 이를테면 정류장에서 걸어오는 사람의 동선과 시선을 광장의 중앙에 맞추거나 좁은 골목을 지나면 넓은 광장이 나타나는 연출로 극적인 효과를 줄 수도 있다.

광장은 너무 넓지 않아야 한다. 광장을 이용하는 인원에 비해 너무 넓은 공간보다는 오히려 조금 좁아 복작거리는 규모가 도시에 활기를 불어넣는다. 광장 양 끝에 있는 사람들이 표정이나 몸짓으로 어느 정도 소통할 수 있는 크기가 적당하다.[36] 광장 경계에 입점하는 카페나 상점은 마을 사람들의 소비만으로 충분히 운영될 만큼의 자족적인 규모를 넘지 않아야 한다. 수요보다 공급이 부족하여 상점이 사람들로 북적거리는 편이 낫다. 공실이 한두 곳 발생하면 광장의 전체적인 분위기에도 악영향을 주기 때문이다.

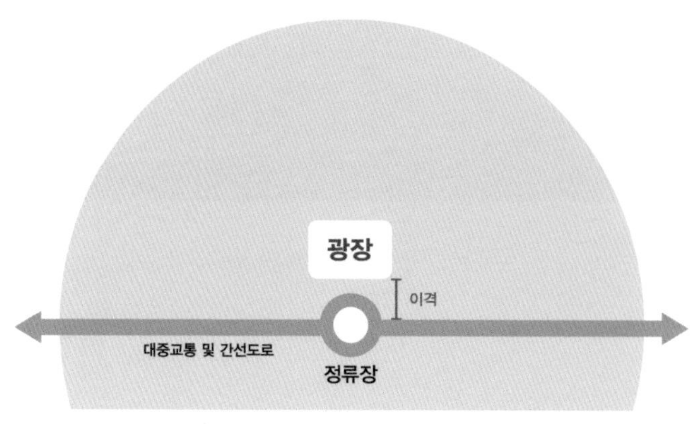

광장 계획. 대중교통 정류장과 가까운 곳에 광장을 설치한다.

빈의 슈테판 대성당 광장과 중심 상업 가로인 케른트너 거리가 접하는 지점에는 두 개 노선이 교차하는 지하철역이 있다.

상징과 기억

광장 주변 건축물에 조형성을 가미하거나 광장에 조각상·분수·식수대 등을 설치하는 것도 인지도와 상징성을 높이는 좋은 방법이다. 더 나아가 지역의 역사적 사건과 관련된 기념물을 설치하면 일상에서 그 의미를 되새기고 공유하며 공동체의 정체성을 형성하는데 이바지할 수 있다. 한 연구에 따르면 일상과 연계된 반복적인 추모의 체험은 과거와 현재를 연결하며 사람들을 치유하고 미래로 나아가게 하는 힘이 있다.[37] 주민들이 주로 이용하는 마을 단위의 광장에는 주입식 체험을 강조하는 이념 중심의 상징물보다는 광장이나 거리, 공원과 어우러져 일상의 체험을 유도하는 상징물이 더 바람직하다.

상징물 예시. 조각상이나 작은 분수, 눈에 띄는 건축물은 장소의 인상을 만들고 장소와 기억의 연계를 돕는다. 빈, 시에나.

다양한 유형의 추모 시설. 빈, 프라하.

우리 광장의 현실

우리 도시에 광장이나 열린 공간이 없는 것은 아니다. 다만 대부분 사람들의 도시 활동을 담는 그릇으로 기능하지 못하는데, 중요한 원인 중 하나는 허물어진 광장의 경계다. 광장을 비롯한 도시의 빈 공간은 그 경계부가 닫혀 있을 때 사람들이 안락함을 느끼며 해당 공간을 온전히 누릴 수 있다. 그러나 앞서 언급한 광장들의 경계가 주로 차도와 접한 탓에 온전한 공간으로 정의되거나 인식되지 못한다. 지나친 시각적 개방감이나 차량의 소음, 주변 인도의 과도한 유동성 때문에 결국 독립된 장소로서 잠재력을 발휘하거나 도시의 상징적 공간으로서 가치를 창출하지 못한다.

오스트리아의 건축가이자 도시계획 이론가인 카밀로 지테Camillo Sitte는 위요감enclosure*이야말로 도시성을 연출하는 핵심 원리라고 주장했다. 그는 광장이 닫혀enclosed 있어야 한다는 것을 가장 중요한 원칙으로 삼았다.[38] 국토계획법의 하위 규정인 도시계획시설규칙(제51조)에서도 통과 교통**을 처리하는 도로를 광장의 내부나 인근에 배치하지 않도록 명시하고 있지만,

* 나무나 벽 등에 둘러싸인 공간에서 느껴지는 아늑함을 의미한다. 편집자주.

** 어떤 지역을 통과하기만 하고 출발 혹은 도착지가 지역 외에 있는 교통. 편집자주.

많은 광장이 통과 도로에 접해 있다. 더구나 공간의 다양한 쓰임을 위해 내부 장애물을 최소화해야 하지만 우리 도시는 광장이 텅 빈 상태를 참지 못하고 관행적으로 조경을 채워 넣는다. 그 바람에 사람들의 모임과 활동을 수용하는 가장 중요한 기능이 힘을 잃는다. 광장이란 '많은 사람이 모일 수 있게 거리에 만들어 놓은 넓은 빈 터'지만 과도한 수목과 장식품 들이 '넓게 비어 있는 공간'으로서 광장의 쓰임새와 잠재력을 훼손시킨다. 이런 광장이 주로 담아내는 도시 활동은 '흡연'일 것이다.

사진의 위아래 두 면은 상가에 접하지만 차도와 맞닿은 좌우 두 면이 과도하게 개방되어 광장이 별도의 영역으로 인지되거나 안락한 느낌을 주지 못한다. 그렇게 되면 광장은 별다른 도시 활동을 담아내지 못하는 의미 없는 공간이 된다.

두 면이 차도에 접한 광장.

14 보행 가로망 계획

수렴과 확산

광장을 마련했으니 이제 사람들을 모을 차례다. 대중교통을 유인책으로 최대한 많은 사람이 광장을 거치도록 하는 것이 보행 가로망 계획의 목표다. 마을 전체에 흩어져 생활하는 사람들을 한곳으로 집중시키려면 깔때기와 같은 보행 가로망을 만들어야 한다. 사람들은 굳이 먼 길로 돌아가지 않으므로 경로가 가장 짧아야 한다. 이를 위해 격자형이 아닌 방사형으로 마을 구석구석까지 길을 내야 한다. 그렇다고 모든 길이 완벽하게 독립적인 방사형일 필요는 없다. 공간 활용 면에서 비효율적이다. 따라서 지형과 같은 지역의 특성을 고려하여 나뭇가지 형상으로 몇 가지 주요 경로를 설정하고 그룹화하여 구조를 단순화한다. 이때 보행로 각 구간의 너비가 길을 이용하는 사람 수에 비례하도록 넓고 좁은 구간을 구분한다. 광장에 다가갈수록 공적이고 넓은 길, 멀어질수록 개인적이며 좁은 길이 된다. 이러한 과정을 통해 차도로 단절되지도, 멀리 돌아가지도 않는 안전하고 효율적인 보행 가로망을 만들어낼 수 있다.

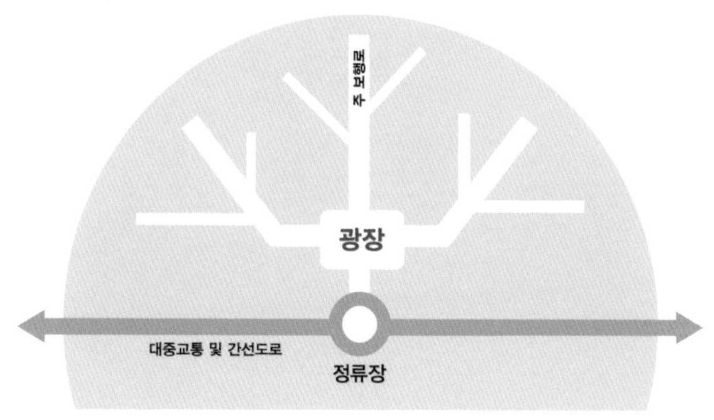

보행로 계획. 광장을 기반으로 방사형 보행 가로망을 계획한다.

우리 보행로의 현실

전주의 한 건물주의 사연이 뉴스에 소개된 적이 있다. 자기 건물을 뚫어 인근 초등학생을 위한 통학로로 내어주었다는 이야기다. 건물주는 그렇게 하지 않으면 아이들이 위험한 이면도로를 이용하여 먼 길을 돌아가야 했기 때문이라고 그 이유를 설명했다. 지금의 보행로는 길 위를 걷는 시민들에게 가장 유익한 경로로 만들어지는 것이 아니라 차도를 만드는 김에 인도도 함께 만드는 것에 가깝다. 보행을 중요한 교통수단으로 여기지 않으니 별다른 고민도 투자도 없다. 녹지에 산책로를 추가하는 정도면 할 만큼 한 것이다.

반면에 차도를 계획할 땐 행여나 정체가 일어날까 걱정하며 가장 효율적인 경로를 만들기 위해 수많은 전문가가 고심에 고심을 거듭한다. 설계자와 설계안을 검토하는 위원들 모두 차를 몰고 다니기 때문이라는 자조적인 목소리도 나온다. 자동차의 원활한 통행은 각종 교통영향평가를 통해 제도적으로도 엄격히 보장되지만 보행자를 위한 통행 대책은 구색을 갖추는 수준에 머물고 있다. '걸을 수는 있는 도시' 이상을 기대하긴 어려운 현실이다. 사람들은 구심점 없이 차도의 양옆으로 흩어져 다니며 신호등 앞에서만 임시로 연결된다. 길이라는 공공공간에서 일어날 법한 의미 있는 도시 활동이나 상호 교류는 기대할 수 없다. 온전한 보행 가로망이 절실하다.

대전 노은동의 보행자 전용도로. 노은역 보행 광장으로 연결된다.

15 차도 망 계획

누구도 소외하지 않는 길

보행로와 광장이 마을의 중심부를 차지하면 자동차는 어디로 다녀야 할까? 자동차의 접근을 차단하거나 제한하는 것은 교통약자의 이동이나 물품 운반에 막대한 불편을 초래하므로 좋은 방법이 아니다. 그러므로 모든 건물에 자동차가 출입할 수 있도록 차도 망을 계획하되 먼저 확보한 보행 가로망과 만나지 않도록 해야 한다.

일반적으로 보행로와 차도를 분리하는 방식은 두 가지다. 고가차도나 지하차도 또는 육교나 지하상가를 통해 입체적으로 분리하는 방식, 보차를 마을의 안과 바깥으로 구분해 설치하는 평면적 분리 방식이 있다.

차도와 보행로의 입체적 분리 예시.

전자는 거대 시설물이 필요하고 도시 미관을 저해하며 보행자의 번거로운 수직 이동을 유발하는 등 여러 부작용이 있으므로 후자의 방식을 예시로 살펴보자. 평면적 분리 방식에서 마을 바깥의 차도는 집산도로가 되며, 집산도로와 각 건물을 연결하기 위한 국지도로를 추가로 계획해야 한다. 마을의 크기에 따라 각 차도의 위상과 기능은 달라진다. 국지도로에 인도를 설치하면 앞서 확보한 보행 가로망에 더해 마을 전체의 보행로 네트워크를 거미줄처럼 보완할 수 있다. 막다른 길인 해당 국지도로에선 통과 교통 없이 소수의 차량만 통행하기 때문에 비록 보행자 전용은 아닐지라도 기존의 이면도로보다 훨씬 안전한 보행로를 추가로 확보하는 셈이다. 다만 국지도로의 인도와 보행 가로망을 연결하는 통로를 설계할 때, 해당 인도가 주보행로보다 광장으로 가는 더 짧은 지름길이 되지 않도록 주의해야 한다.

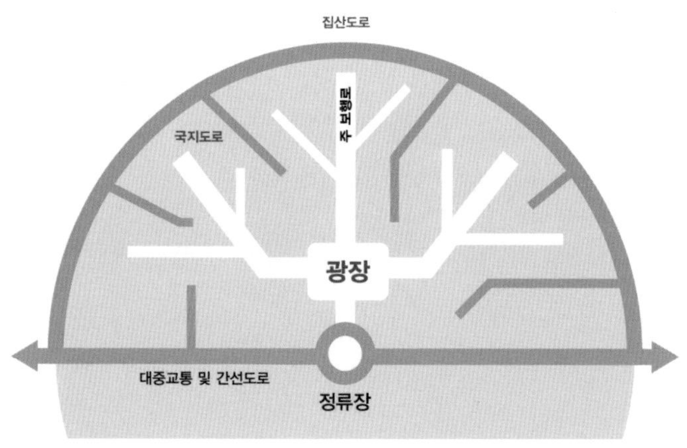

차도 계획. 보행 가로망(흰색)과 간섭되지 않도록 차도 망(진회색)을 계획한다.

막다른 길

‘통과 교통’이 발생한다는 것은 해당 지역에 용무가 없는 차량도 그 지역을 관통하여 이동한다는 뜻이다. 작은 마을 길의 정체 상황은 주로 교통 혼잡이 심한 큰길을 피하려는 차들이 막히지 않는 마을 안으로 유입될 때 발생하며 결과적으로 마을의 안전과 평온을 위협한다. 지금의 격자형 도로체계는 통과 교통의 천국이다. 도로의 위계는 희미하고 내 집 앞을 지나다니는 차는 대부분 모르는 사람들이다.

이를 해결하는 방법이 바로 막다른 길이다. 좀처럼 막다른 차도를 만들지 않는 우리나라에서 이러한 방식은 설계자에게 매우 낯선 방식으로 다가올지 모른다. 우리의 여건에 맞는 대안과 세부 디자인detail을 만들어가야겠지만, 그 시작점으로 유럽의 사례를 참조할 수 있다.

차도가 끝나는 막다른 길. 빈.

↑ 프라하의 차도 끝에 설치된 작은 주차장.
좌측의 조각상이 있는 곳이 광장이며 차도는 사진 오른쪽에서 시작해 이 주차장에서 끝난다.

↓ 빈의 막다른 차도 옆 주차장 건물.
사진 속의 인물들이 진행하는 방향으로 보행자 중심의 마리아힐퍼 가로가 펼쳐져 있다.
사진 정면의 차도는 보행자 가로에 접하면서 막다른 길로 끝나지만,
주차장에 차를 세우고 가로에 방문할 수 있다.

도로 설계

막다른 길이 시작되는 각 국지도로의 초입에는 신호등 대신 회전교차로를 도입할 수 있다. 특히 집산도로가 간선도로와 만나는 양쪽 교차로와 가까운 두 곳에 회전교차로가 있으면 마을 내부에서 자동차로 이동하기가 더욱 편리하다.

또한 목표 속도에 맞는 디자인이 필요하다. 만약 국지도로의 최고 속도를 시속 30km로 계획했다면 시속 80km로 달려도 자연스러운 넓고 곧은 도로로 만드는 것은 속도 위반을 유도하는 행위와 다름 없다. 계기판을 보지 않아도 자연스럽게 최고 속도 내에서 운전할 수 있게 만드는 차로의 선형과 폭을 설계해야 한다.

격자형 도로 체계와 비교할 때 가지형 도로 체계의 단점은 우회로가 없다는 것이다. 그러므로 차로의 공사나 각종 사고 등으로 차도가 폐쇄되더라도 긴급 차량이 내부 보행로를 통해 모든 건물에 진입할 수 있도록 대비가 필요하다. 비상 차량을 위한 진출입 지점 및 차단 방법, 차량 운행을 감안한 노면 포장 등이 설계 시 고려되어야 한다.

이륜차를 위한 주차장의 설치도 잊지 말아야 한다. 수십 년간 도시계획가가 이륜차를 백안시한 결과는 이륜차에 의한 보행로의 점령이다. 이륜차도 편리하고 안전하게 주차하며 경제 활동을 영위할 수 있도록 주차 공간을 마련해야 한다. 보행자의 대다수가 마을 중심의 보행자 전용 도로로 다닐 수 있는 환경이 갖춰지면 인도 옆에 시설을 설치하는 부담도 줄어든다. 국내의 사례로는 서울시 퇴계로의 차로 축소 사업을 참조할 수 있다.

16 필지 구획

도시를 위한 건축

다음은 적정한 용도의 시설과 건축물로 도시를 채워가며 도시를 완성하는 과정이다. 앞서 제안한 세 단계 중 Serve에 해당한다. 이때 시설과 건축물은 어디까지나 외부 공간을 만드는 수단이며 모든 검토는 보행 공간을 조성하고 활성화하는 데 주안점을 두어야 한다.

각 시설물의 입지 결정

주민센터·보건소·경찰 지구대·우체국 등의 공공청사와 어린이집·학교·주택·상가·공원·체육시설 등 마을에 건립될 시설의 종류와 면적은 도시계획 과정에서 결정된다. 이후 도시설계 단계에서는 주어진 각 시설물이 어디에 어떻게, 또 몇 층에 들어서는 게 좋을지 고민해야 한다. 입지를 결정할 때는 큰 틀에서 사람이 많은 중심부엔 공공 기능과 다중이용시설을, 외곽 지역엔 비교적 사적이고 방문객 밀도가 적은 시설을 배치하는 것을 원칙으로 하되 보행 가로망의 효율적인 활용을 위해 각 시설의 가로 대응 능력과 방문객 특성을 중점적으로 고려해야 한다.

예를 들어 지역 행정 서비스를 담당하는 청사나 초등학교는 접근성이 좋은 주 보행 경로에 면하는 것이 바람직하지만, 가로와 소통할 수 없는 운동장이나 출입구가 없는 벽면이 주 보행로에 길게 면하는 것은 부적절하다. 일과 시간 이후 빈 건물이 되는 청사나 학교 주변으로 가로가 황량해지지 않도록 야간에도 개방하는 도서관이나 상업 시설, 주거 등을 적절히 안배할 필요가 있다.

주거지역의 입지는 기본적으로 밀도가 높은 공동주택은 중심부에 가깝게, 저밀 공동주택이나 단독주택은 외곽에 배치하는 원칙을 두되 다른 설계 여건에 따라 유연하게 대응할 수 있다. 상업 시설은 가로 활성화가 필요한 구간에 고루 분배하는 것을 기본으로 하되 술을 판매하는 일반음식점, 노래연습장 등은 소음과 영업시간을 고려하여 상층부를 업무 시설로 배정하는 것이 바람직하다. 입지상으로도 마을 내부에 너무 깊숙이 들어오기보다는 광장과 대중교통 사이 구간에 위치하는 것이 접근성이나 소음 측면에서 적절할 수 있다. 마을 안쪽에는 조금 더 조용한 식당이나 카페, 학원이 입점하는 편이 좋다.

입지 계획을 통해 평면적인 기능 배분의 큰 방향을 결정했다면 필지 구획을 통해 이를 확정한다. 땅 위에 경계선을 긋는 것이다. 이때 모든 필지가 보행로와 차도 양쪽에 면해야 한다. 보행로가 앞길, 차도가 뒷길이므로 필지에 들어설 건물의 정면은 차도가 아닌 보행로를 향해야 하며 물품 운반과 같은 각종 서비스 동선과 승하차장, 주차장은 차도 쪽으로 설계한다.

각 시설을 드나드는 자동차의 총량이나 빈도도 입지 결정에 참고할 수 있다. 소방서, 응급실 등 촌각을 다투는 긴급 출동이 필요한 특수 시설이나 권장하지는 않지만 대형마트, 정비·검사소, 테이크아웃 전문점 등 다수의 자동차가 빈번히 드나드는 시설을 부득이하게 입지시켜야 할 경우에는 국지도로의 안쪽보다는 집산도로에 면하도록 배치하는 것이 바람직하다.

하나의 시설에 대해 상반되는 고려 사항이 존재하거나 두 시설 간의 순위에 우열을 매기기 어려운 경우가 다수 발생할 수밖에 없다. 그러므로 설계자는 유연성을 갖되 늘 최우선의 가치 판단 기준으로 보행 활성화와 장소성 확보를 염두에 두고 입지의 우선 순위를 고민해야 한다. 또한 단번에 완벽한 도시를 완성시키려 하기 보다는 예상한 수치(도시계획에 따른 인구, 각 시설의 수요 등)의 오류나 앞으로의 변화 가능성을 수용할 수 있도록 용도의 유연성, 유보지 확보 등에 신경 써야 한다. 이를 통해 건강하고 지속가능한 도시 구조를 갖출 수 있다.

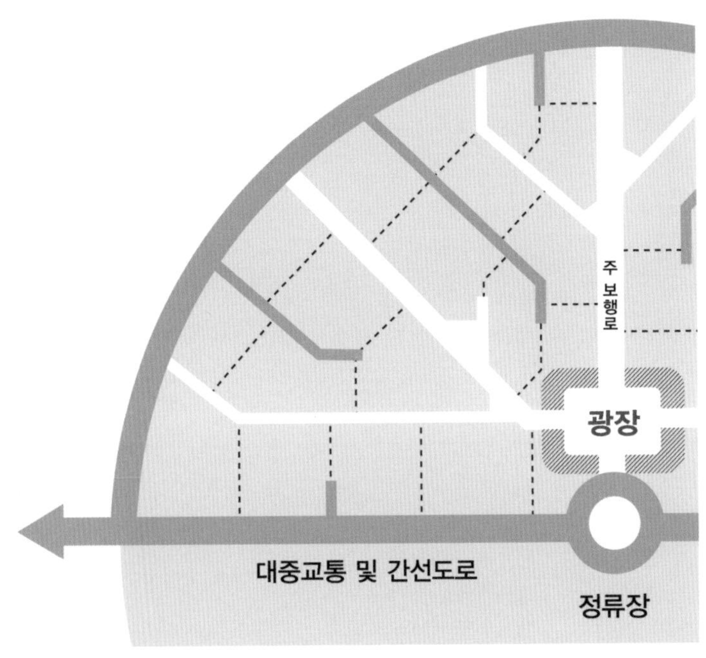

필지 구획.
보행로(흰색), 차도(진회색)와 추가적인
경계선(점선)에 의해 건축의 대상지인 필지가 확정된다.

17 가로 설계

길을 마주한 건물

가로 설계는 앞서 구획한 필지에 들어설 건축물을 위한 지침을 만드는 단계다. 구체적으로는 수직적인 용도 배분과 면적을 결정하는 일과 공공공간을 중심으로 주변 건축물 외벽의 개구부·형상·재질 등을 디자인하여 공공공간의 외관을 만드는 일로 구분된다. 수직적인 용도 배분은 각 층의 용도를 지정하는 일이다. 평면적인 용도 계획과 구별해 '입체 계획'이라고도 하며 위에서 볼 때 한 필지에 여러 용도가 중첩되므로 '용도 복합'이라고도 표현한다.

입체적 계획 수립

앞선 단계에서 마을 전체를 평면적으로 내려다보며 용도를 배분했다면 이번에는 더 세부적으로 각 건물의 층수와 층별 용도를 지정할 차례다. 주 보행로에 접하는 건축물은 가로와 소통할 수 있는 물리적 거리의 한계, 고층 건물로 인한 가로의 위압감 등을 고려하여 최대 5층을 넘지 않도록 한다. 다만 그 이상의 고층 건물은 부지의 안쪽이나 차도 옆으로 배치하여 마을 전체의 적정 밀도를 충족시켜야 한다. 상가는 주 보행로 인근 1층에만 계획하고, 그 내부에는 개방된 로비나 복도 없이 각 점포의 출입구가 보행로와 직접 연결되도록 해야 한다. 위층까지 매장으로 이용해야 한다면 개별 점포 안에 수직 동선을 설치할 수 있도록 하되, 지역 내에서 가장 번화한 곳에 한해 이러한 구역을 별도로 지정하는 것이 좋다. 2층 이상의 상층부는 공동화 방지, 자연 감시, 간판 설치 억제 등을 위해 주거나 업무 시설을 적절히 배분한다.

층별 용도가 결정되었다면 보행로 경계선을 따라 건물을 배치해보자. 소위 말하는 연도沿道형 건축이다. 현 단계에서는 다소 유동적인 덩어리 형태의 계획이 수립되는데 건축물의 입면 중 보행로를 향하는 파사드 부분은 공공공간을 형성하는 경계면이 된다. 보행로로 드러나지 않는 건물의 안

저층부에만 상가가 입점한 건물들이 광장을 형성한다. 빈.

쪽에는 주차장이나 중정을 계획할 수 있다. 가로 활성화를 위해서는 연도형 건축이 필수다.

다만 우리 도시에 세워진 건축물들을 연도형 건축 여부만으로 재단하기는 어렵다. 건물과 접한 보행 가로망이 연도형 건축에 적합한 상태인지를 함께 따져 보아야 한다. 손바닥도 마주쳐야 소리가 나듯이 건물 앞 가로가 장소로서 잠재력을 갖추고 건축물과 교류할 준비가 되어야 한다. 예를 들어 행인이 드물고 자동차 통행이 잦은 도로 쪽으로 건물을 붙이고 출입구와 창문을 적극적으로 설치하는 것은 아무런 효용을 창출하지 못한다. 오히려 건물 활용성이 저하되어 상가 공실의 원인이 될 수 있으므로 이런 곳에는 연도형 건물 배치를 지양해야 한다.

물론 가로가 활성화될 만한 여건을 갖추고 있음에도 건물이 이를 뒷받침Serve하지 못하는 예도 있다. 유동 인구가 많은 상업지역에서 주차장 건물의 1층 외벽을 상점과 출입구가 없는 벽면으로만 구성하거나 공공청사에서 넓은 보행로나 광장에 면한 영역에 주차장을 설치하고 출입구를 그 안쪽에 설치한 경우다.

이처럼 새로운 도시계획에서는 보행 가로를 중심으로 하는 일종의 예비 건축설계 과정을 통해 각 필지의 건폐율과 용적률을 설정한다. 이는 도시 내 필지의 모양과 위치가 모두 다름에도 불구하고 별다른 고민 없이 일률적으로 건폐율과 용적률을 부여해온 기존의 도시계획 방식과 차별화된다. 기존 도시계획 체계에서는 건축가가 필지에 부여된 건폐율과 용적률이라는 두 숫자를 계획의 시작점으로 삼아 그 안에서 건물의 형태를 자유로이 구상했다. 그러나 새로운 체계에선 구체적인 건물의 형태가 먼저 주어지므로 건폐율과 용적률에 신경 쓸 필요가 없다.

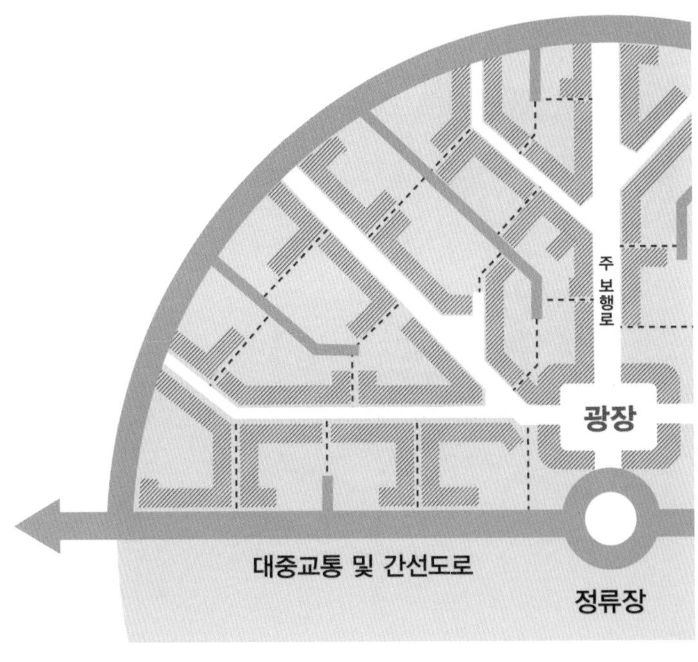

건물 배치.
빈 공간인 보행 가로망은 건축물을 통해 경계를 갖추며,
이때 비로소 보행 공간이 정의되고 인지된다.

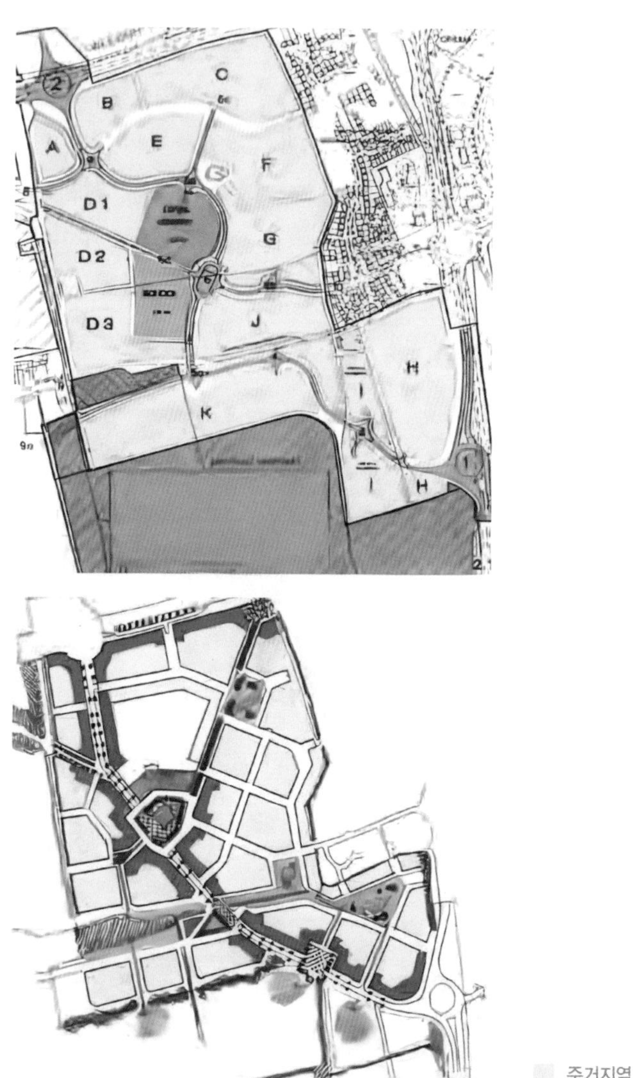

동일 지역에 대한 도시계획 대안의 비교.

↑ 차도 중심의 계획. 대단지 아파트 위주의 우리나라 도시계획과 닮아 있다.

↓ 보행자와 장소성 중심의 계획. 중심 가로 공간이 형성되도록 건축물이 정렬되어 있다.

비 연도형 건축 사례.

↑ 건축물과 도로 사이에 자리한 주차장과 담장.

↓ 오른쪽의 보행로와 밀착한 1층 상가는 맞은편 경사벽과 담장 너머 주차장과 대비된다.

공공공간의 디자인

다음 단계는 최종적으로 공공공간의 기능과 형상을 결정함으로써 사실상 도시설계를 마무리 짓는 일이다. 도시 경관을 상징적으로 보여줄 주요 지점에서 눈에 들어오는 모든 요소의 디자인을 결정해야 한다. 이때 공간의 모습은 이를 둘러싼 경계면이 결정하므로 공간 디자인은 곧 주변 건축물의 외벽을 디자인하는 일이다. 이 과정을 생략하면 아직 그림이 그려지지 않은 빈 도화지를 시민들에게 내어주는 것이나 다름없다. 빈 도화지는 결국 누군가 마음대로 그린 그림들로 가득 채워진다. 계획하지 않으면 무질서한 경관이 생겨날 수밖에 없다.

공공공간 주변의 필지를 분양하기 전에 해당 필지에 들어설 건축물의 입면 디자인이 확정되어야 공공공간의 계획적인 조성과 관리가 가능하다. 이 과정에서 설계자는 위에서 내려다본 평면적인 도시의 모습이 아니라 실제로 형성될 입체적인 광경을 여러 위치에서 검토하고 조정해 보완하는 작업을 반복해야 한다. 이를 위해 사람의 눈높이에서 바라본 투시도를 수없이 그려내고 시뮬레이션하는 일이 동반된다. 공간의 비례나 개방감, 위요감 등을 함께 검토하고 조정이 필요하다면 앞 단계로 돌아가 연결로의 위치나 건물 배치 등을 변경할 수도 있다.

설계의 범위는 건축물 외벽뿐 아니라 광장이나 보행로의 바닥 디자인·재료·가로등·벤치와 같은 시설물까지 공간의 모든 경계부를 포함한다. 이는 보행자의 시각에서 공공공간을 구성하는 바닥면의 외관이나 재질은 물론 이를 둘러싼 건축물까지 통합적으로 제안하고 법정 계획으로 확정하는 일이다. 현재는 각각 조경과 건축설계로 나뉘어 실행되는 업무를 포괄하기 때문에 도시·건축·조경 분야를 아우르는 전문가의 참여 또는 각 분야 전문가의 협업이 필요하다. 발주자는 이러한 변화가 낯설고 부담스러울 수 있지만 건축설계에서 따로 수행하던 건축물의 입면 설계 작업을 도시설계 단계로 당겨왔을 뿐이다.

공공공간을 소유하고 관리하는 지자체가 디자인의 결과물을 예측할 수 있게 되는 것도 큰 장점이다. 한 공공공간을 둘러싼 모든 건축물의 개별적인 설계 과정에서 반복하던 주변 경관 검토와 입면 디자인 작업을 하나의 공간에 대한 단일 작업으로 통합하는 일이니 산업 전체의 효율성이 높아지고 공간 디자인의 품질 향상도 기대할 수 있다.

지켜야 할 경관이 있는 도시.

18 상가 설계

상가의 잠재력

우리 도시에서 상가에 대한 평가는 그리 긍정적이지만은 않다. 대규모 상가 건물은 교통 체증을 유발하고 건물과 길거리를 뒤덮은 불법 광고물의 온상으로 여겨진다. 건물 안을 가득 채운 점포에게 간판은 생존을 위한 수단이므로 행정적 통제 또한 어렵다. 게다가 경기 침체로 공실이 발생하면 지역 경제, 도시경관, 사회적인 차원의 문제로 발전하곤 한다.

그러나 상가는 도시 활성화 측면에서 그 어떤 시설과도 비교할 수 없는 강점을 지닌다. 언제나 사람들을 환영할 준비가 되어 있는 거리의 수다쟁이로서 늘 적극적으로 길 위의 사람들과 대화를 시도하고 새로운 볼거리와 즐거움을 선사한다. 상가는 매력적인 상품과 만족스러운 서비스를 제공하기 위해 치열하게 경쟁하며 사람들을 끌어들이고 사람들은 상가에서 많은 시간을 보내며 다른 이들을 만난다. 상가는 도시 활력의 가장 핵심적인 요소다. 우리 주변 상가의 부정적인 면이 주로 강조되는 것은 그간의 도시설계가 상가의 장점과 잠재력을 충분히 끌어내지 못하고 단점과 부작용을 드러내는 방식으로 이루어졌기 때문이다.

보행로변 상가

앞 장에서 이야기했듯 가로 활성화를 위해 점포의 입구는 가로변 1층에만 설치하여 유동 인구가 내부 복도로 흡수되는 것을 방지해야 한다. 만약 두 개 층 이상의 큰 매장이 필요하다면 1층으로 출입한 뒤 매장 안에서 위층으로 이동하도록 유도한다. 상점을 쌓아 올리지 않고 1층에만 배치하면 마을 곳곳에 상점이 들어설 수 있다. 학원이나 병원도 저렴한 임대료를 찾아 상층부로 올라갈 필요 없이 모두 1층에서 길 위의 유동 인구를 대상으로 영업하게 된다. 간판이나 광고가 필요한 상점이 모두 1층에 자리하면 기존 집합 상가처럼 창문을 포함한 외벽 전체가 무분별한 광고물로 도배되는 현상도 예방할 수 있다. 그리고 2층부터 5층까지는 주거와 업무 시설을 배분하여 가로에 대한 자연 감시CPTED와 공동화 방지 등의 역할을 부여한다. 주거나 업무 시설은 상점과 달리 불특정 다수를 방문객으로 삼지 않으므로 외부에 개방되는 로비나 복도는 필요하지 않으며 가로 위의 사람들을 내부의 공용 공간으로 흡수하지 않는다.

가로변 1~2층에만 간판이 설치되어 있다. 빈.

상가 골목

광장이나 주 보행로의 가장자리를 중심으로 상가를 배치하는 것이 우선이지만, 만약 계획된 상가 면적에 여유가 있다면 좁은 골목길로 이루어진 저층 상업 구역을 따로 만들어줄 수 있다. 이러한 저층 상업 구역은 마을 사람들뿐 아니라 외부에서 찾아온 방문객도 쉽게 이용할 수 있도록 대중교통과 가까운 곳에 조성하여 외부 접근성을 높여야 한다. 또한 단위 점포의 크기를 가능한 한 작게 하면 상점 수는 늘고 임대료 부담은 줄어든다. 단위 건축물이 작으므로 개별 주차장을 설치하기보다 인근에 공유 주차장을 설치하는 방식이 바람직하다. 토지 이용 효율과 골목길의 영역성을 높이기 위해 두 건물이 벽면을 공유하는 합벽 방식을 적극적으로 활용할 수도 있다.

이러한 소규모 상업 구역은 시장 여건이 변화할 때 업주가 비교적 적은 자본으로도 창업이나 확장, 축소를 시도할 수 있는 기반이 된다. 이를테면 앞서 젠트리피케이션의 발단으로 언급한 소자본 아이디어 창업도 각 마을 안에서 수용할 수 있다. 경기의 부침을 이겨내고 오랜 기간 꾸준히 자리를 지켜온 점포는 마을 사람들의 친밀한 이웃이자 마을 공동체에 유대감을 부여하는 상징으로 자리 잡는다. 시간이 더 흐른 뒤에는 지역의 역사가 되고 세대를 넘어 마을을 기억하게 만드는 매개체가 된다. 그러한 점포 두어 개를 포함해 변치 않는 광장과 공원이 갖추어졌을 때 한 마을은 비로소 누군가의 고향이 될 수 있다.

저층 상업 가로 예시. 여주 아웃렛, 익선동.

19 공원 계획

가치를 높이는 배치

도시를 만드는 비용을 고려할 때 다른 필지와 마찬가지로 공원도 토지 이용의 효율성을 높일 수 있도록 계획해야 한다. 지금처럼 주요 시설을 배치한 뒤 남은 자투리땅을 공원으로 조성하는 방식으론 부족하다. 그래선 사람들이 좀처럼 찾지 않는 버려진 땅이 될 수밖에 없다. 출퇴근이나 등하굣길 동선처럼 가장 많은 사람이 오가는 위치에, 가장 아름다운 공원을 집약적으로 조성해야 한다. 앞서 확보한 보행 가로망의 중심부에 공원을 설치한다면 사람들이 따로 시간을 내지 않아도 매일 두 번씩 공원을 방문하게 되므로 막대한 효용을 창출한다. 더 나아가 공원의 형상과 보행로 방향을 일치시키면 단위 면적당 효용이 극대화된다. 이러한 공원은 마을 단위의 소규모 공원에 알맞은 방법으로, 본격적인 휴양을 목적으로 하는 도시나 지역 단위 공원의 조성 방식과는 명확히 구별되어야 한다.

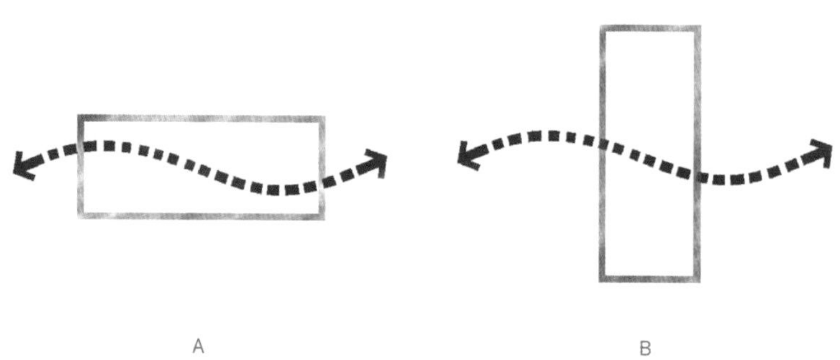

공원과 주 보행 경로의 관계.
A와 같이 공원이 보행 경로를 따라 조성되면 보행자가 공원의 전체 면적을 누리고 활용할 수 있다. 반면 B와 같이 보행 경로가 공원의 일부만 지나는 방식으로 설계되면 보행로와 동떨어진 부분의 이용객이 적어 토지의 효용이 낮아진다. 지금 우리 도시 내 공원의 대부분은 화살표가 아예 사각형 바깥으로 지나간다.

가치를 높이는 경계

앞의 이야기가 양적인 '체류 시간'을 늘려 공원이라는 한정된 공간이 제공할 수 있는 효용의 총량을 높이는 방안이라면, 질적인 차원에서 경험의 만족도를 높여 효용을 극대화하는 방법도 설계 과정에서 함께 고민해 볼 수 있다. 공원도 일정한 영역을 지닌 공간이므로 그 경계부를 어떻게 만드느냐에 따라 공간의 성격, 즉 효용의 밀도가 좌우된다.

오래전 제주도의 한 리조트 조성 현장을 방문한 적이 있다. 현장 관리자와 함께 여기저기 공사가 진행 중인 목장과 울창한 자연림 사이를 둘러보며 다니던 중 널빤지로 만든 좁다란 산책로를 따라 빽빽한 수풀 속에서 몸을 돌리던 어느 순간 느닷없이 하늘이 열리고 넓은 호수가 나타났다. 그 지형에서 나타날 것이라고는 전혀 상상할 수 없던 광활하고 투명한 호수를 갑자기 마주한 당시의 충격, 구체적으로 표현하자면 비현실성과 위화감, 이질감 등에서 비롯된 놀라움이 아직도 기억 속에 선명하다. 책으로 배웠던 장면의 전환과 공간의 대비contrast를 가장 선명하게 체감하며 깨달을 수 있었던 사례였다.

이와 같은 대비가 도심의 공원에도 필요하다. 공원의 쓸모가 바쁜 일상에서 벗어난 휴식과 재충전이라면, 끝없이 이어진 빌딩 숲에 나무 몇 그루를 더한들 사람들의 마음을 온전한 쉼으로 이끌기는 어렵다. 일반적으로 산책로와 공원들은 도심의 고밀 지역과 멀어지는 방법으로 이러한 대비를 꾀하지만, 앞서 논의한 것처럼 도심에 공원이 있어야 한다면 이러한 일반적인 방법은 사용할 수 없다. 그러므로 건축적인 장치solution가 필요하다.

예를 들어 공원의 입구를 작게 만들면 공원의 독립성을 강화할 수 있다. 영국 리즈의 카날 가든스Canal Gardens처럼 담벼락 사이에 난 작은 문이나 틈을 통해 공원을 드나들게 하면 공원의 내부가 밖으로 잘 드러나지 않고 안에서는 주변의 자동차나 건물들을 효과적으로 가릴 수 있다. 이에 더하여 진출입 경로를 한 두 번 꺾어주는 방법도 차폐 강화를 위해 사용할 수 있다.

일상의 경로에 스며든 공원. 이스탄불, 경의선 숲길.

V 이어지는 길

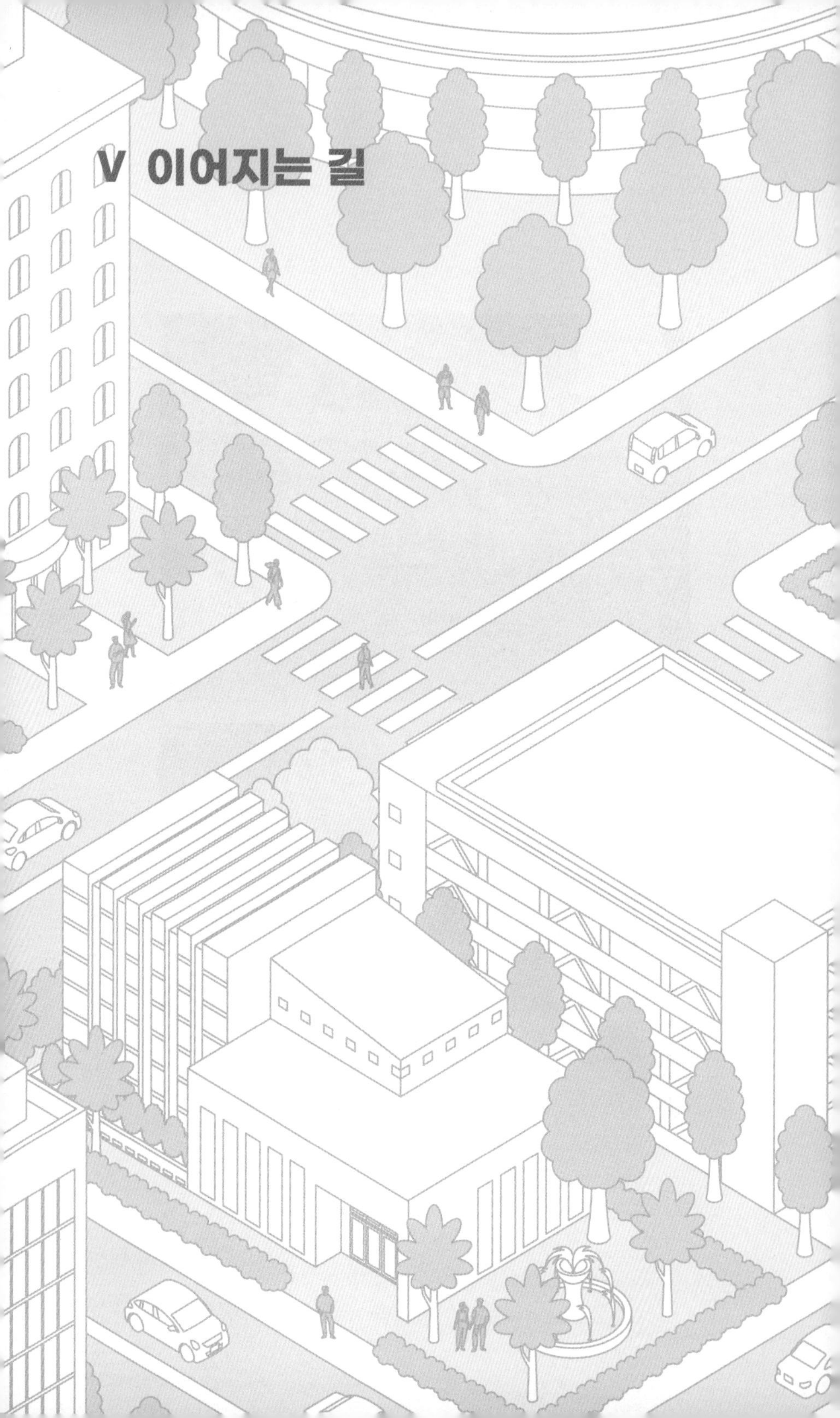

20 Retrofit*

*　시스템의 개선이 필요할 때, 기존 시스템의 대부분을 그대로 둔 상태에서 새로운 기술이나 기능을 추가하는 일.

기존 도시의 보행 환경 개선

지금까지 '사람들의 만남'을 중심으로 도시를 새롭게 설계하는 과정을 단계별로 짚어보았다. 그런데 신도시가 아니라 이미 사람들이 생활하고 있는 기성 시가지는 어떻게 해야 할까? 기존 도시에서 사람들의 만남을 촉진할 수 있는 묘안은 없을까? 이미 도로망과 광장, 건물이 가득 찬 기존 도시는 재개발이 아니면 도시 구조를 개선할 수 있는 운신의 폭이 거의 없다시피 하지만, 부분적으로나마 개선의 여지를 찾아볼 수 있다. 다만 도시의 모든 부분에는 크고 작은 이해관계가 얽혀 있으므로 작은 변경이라 해도 주민들의 공감과 지지가 전제되어야만 실행에 옮길 수 있다. 이 장에서는 기존 도심의 보행 환경 개선을 위한 세 가지 안을 소개한다.

1 차도를 끊고 보행로를 잇기

지역에서 가장 중요한 보행 경로가 차도로 단절되었다면 앞서 제시한 3S 중 분리separate 방식을 활용해 이를 다시 이어주는 방안을 검토할 수 있다. 다음 사진 속의 지역은 남측 주거 단지와 북측 대중교통(BRT) 정류장이 보행자 전용 도로로 연결되어 있으나, 양 지점을 오갈 때마다 차도를 세 번이나 건너야 한다. 중앙의 원형 소광장을 중심으로 열십자 형태의 보행자 전용 도로가 배치된 이 지역은 사람을 모을 수 있는 잠재력도 갖추고 있다. 그러나 보행로가 여러 번 단절되어 공간의 형상이 온전하지 못하고 차도에 접해 장소성을 형성하기도 어렵다.

이를 개선한다면 보행로가 차도와 만나는 세 지점 중 노란색으로 표시한 두 지점에서 차량 통행을 막고 횡단보도를 보행로로 만드는 방법이 있다. 연결부는 기존 횡단보도보다 넓은 폭으로 만들고 차도의 끝에는 주차장이나 작은 회차 공간turning space을 설치할 수 있다. 차도 두 곳을 차단해도 여전히 모든 건물로 차량의 진출입이 가능하며 불필요한 통과 교통을 억제하는 효과도 있다. 보행로를 지원Serve하는 1층 상가도 충분히 갖춘 이곳은 지역 공동체의 구심점으로 거듭날 잠재력이 크다.

예시처럼 차도를 끊기 위해서는 이를 대신할 우회로가 필요하므로 모든 지역에 동일한 방식을 적용할 수 있는 것은 아니다. 하지만 각 동네에서 가장 중요한 보행로를 선정하고 그 경로를 따라 조성 현황을 점검하다 보면 보행 연결성을 강화하는 다양한 수준의 대안을 발견할 수 있다.

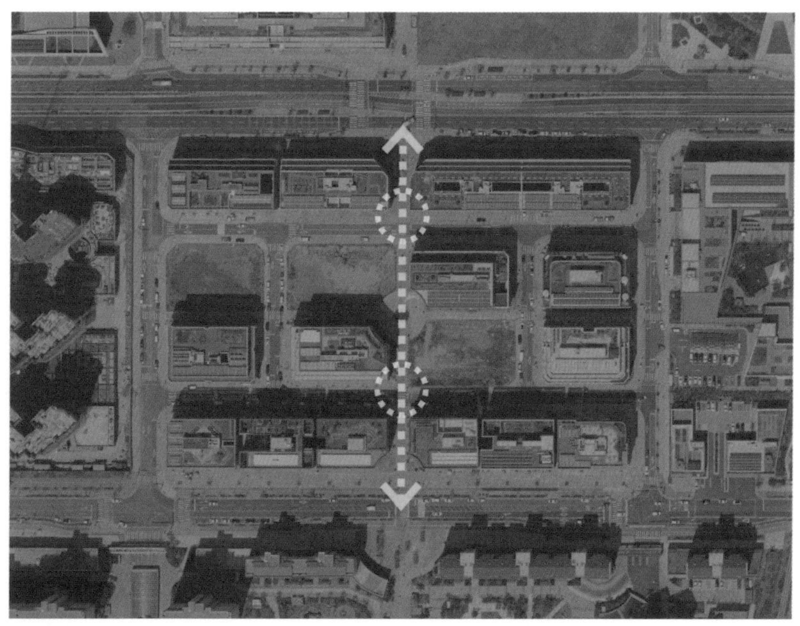

보행로의 연결성을 높이는 사례.

2 광장의 장소성 키우기

많은 광장이 좋은 입지에도 불구하고 공동체를 위한 장소로 활용되지 못하는 가장 큰 이유는 위요성이 부족하기 때문이다. 아늑한 느낌이 없는 것이다. 이때는 과도하게 개방된 광장의 경계를 보완하여 위요성을 높이는 개선 방식이 유효하다.

광장의 위요성을 높이는 방법.

위의 사진에서 광장을 둘러싼 네 면의 현황을 살펴보면 1번 방향으로는 차도가 있고 3번은 하천을 향해 열려 있어 자연경관은 양호하지만, 시각적인 개방감이 과도하여 광장에 있는 사람이 아늑한 공간감을 느낄 수 없다. 2번 방향은 건물로 막혔지만 주차 전용 건물에 작은 출입문이 하나 있을 뿐

광장의 활기를 창출하는 데 별다른 도움을 주지 못한다. 다행히 나머지 한쪽은 1층에 여러 상점이 들어선 건물에 접해 있다. 이 광장을 보완한다면 흰색으로 덧칠한 그림처럼 1번 방향 경계면에는 임시 무대 같은 차폐 시설, 2번 쪽으로는 팝업 스토어나 푸드 트럭을 설치하고 3번 방향으로는 원경과 어우러진 교목*을 식재할 수 있다. 이때 중앙부의 수목을 옮겨 심는 것도 내부 공간의 활용성을 높이는 차원에서 좋은 방법이다. 이를 통해 광장에 위요성과 도시 활동을 더하고 인접 차도의 부정적 영향은 경감시킬 수 있다.

3 차로를 보행 공간으로 바꾸기

차로 수를 줄여 보행자 공간을 확보하는 방법도 많이 사용된다. 여기서 더 나아가 양방향 2차로를 일방향 1차로로 바꿀 만한 곳도 찾아볼 수 있다. 오른쪽 사진에서 도로를 일방통행 1차로로 줄인 다음 기존 차로는 가로 활성화를 촉진하는 용도로 전환할 수 있다. 이 지역은 자동차가 우회전으로 우측 블록을 끼고 돌면 금세 같은 곳으로 다시 올 수 있으므로 한 방향으로 변경해도 건물 진출입에 큰 문제가 발생하지 않는다. 줄어든 차로 공간에는 노상 주차장과 파클릿parklet**을 설치할 수 있으며, 사람들은 한 차로만 주의하며 길을 건널 수 있어 양측 인도가 하나의 장소로 통합될 수 있다. 이 예시에서 노상 주차장을 좌우로 번갈아 설치하여 차로에 굴곡을 만드는 방안도 차량의 속도를 줄이는 교통 정온화traffic calming 측면에서 좋은 대안이다.

* 큰키나무라고도 한다. 줄기가 곧고 굵으며 높이가 8m를 넘는 나무. 소나무, 향나무, 감나무 따위가 있다. 편집자주.

** 도로변 주차 공간을 활용한 초소형 공원.

베를린의 파클릿 조성 사례.
기존 주차 공간 일부를 휴게 시설과 자전거 거치 공간으로 만들고
파클릿 폭만큼 양측 인도를 확장하여 횡단 거리도 단축했다.

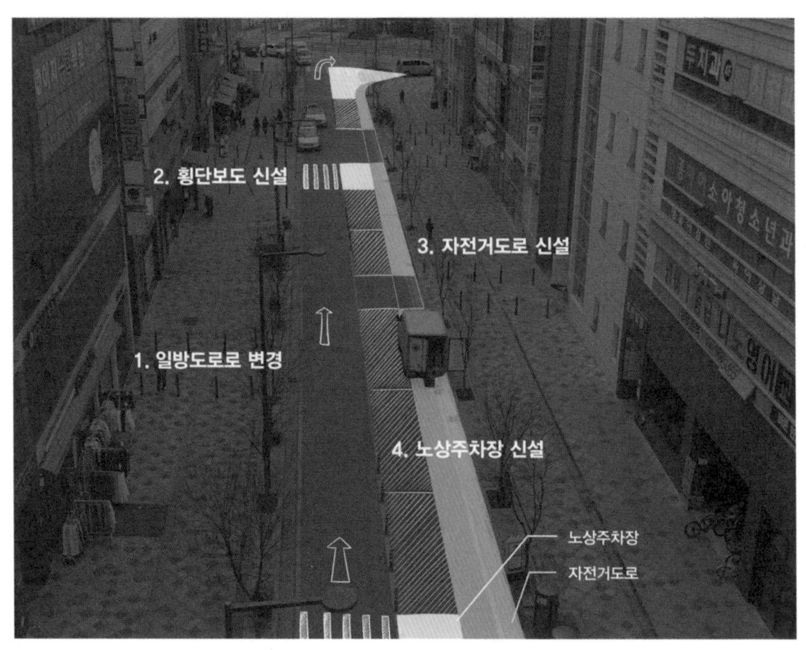

차로를 줄여 보행 환경을 개선하는 예시.

도시 안의 도시

사람의 길을 차도보다 우선하는 설계 개념은 도시나 마을 단위뿐 아니라 개별적인 건축에도 적용된다. 비록 기성 시가지가 차도 중심으로 형성되어 있더라도, 그 안에서 공동주택이나 업무·판매 시설 등 크고 작은 하나의 단지를 설계할 때 배치계획site plan 단계에서 3S 개념을 도입하면 된다. 보행자 동선을 단지의 중심에 두고 이를 차량 동선과 분리할 수 있다. 단지계획까지는 아니더라도 일정 규모 이상의 건물에서 입구와 진출입로를 설정하거나 작은 펜션, 카페의 주차장과 앞마당을 구상할 때도 보차 간의 상충이 발생하지 않는 위치를 고민할 수 있다. 일반적으로 사람과 자동차의 출입구를 가능한 한 멀리 떨어뜨리는 것이 가장 바람직하다. 하나의 출입구를 보행자와 자동차가 함께 사용한다면 적어도 부지 내에서 보행자가 차로를 건너지 않도록 보행자 출입구와 길을 건축물 쪽으로 계획해야 한다.

무언의 소통

도시계획과 무관하게 보차 간 마찰을 완화하는 방법도 있다. 자동차 유리의 과도한 선팅을 규제하는 것이다. 횡단보도나 보차 구분이 없는 이면도로에서 보행자와 운전자가 서로의 시선을 확인하면 잠재적인 위험 상황을 피할 수 있다. 더 나아가 눈짓이나 표정, 손짓을 통해 서로 의사를 표현함으로써 원활하고 안전한 통행을 장려하고 상대를 배려하는 운전 문화를 만들어갈 수 있다.

반면 주변과 소통할 수 없도록 진하게 선팅한 자동차는 횡단보도 위의 보행자를 한층 더 무력하고 수동적인 존재로 전락시킨다. 소통이 불가한 공간에서 경험하는 위협과 불쾌함은 그 공간 자체를 불편한 곳으로 만든다. 진한 선팅은 운전 중 분노를 유발하는 원인이기도 하다. 시선이 차단되어 익

명성이 강조되고 상대방을 인격체가 아닌 사물로 대하면서 쉽게 분노를 일으키게 된다.[39]

보차 간 의사소통은 안전한 횡단에 큰 도움이 된다. 선팅을 엄격히 규제하는 미국에서는 이 표지판이 제 효과를 발휘하겠지만, 차 안이 잘 보이지 않는 우리의 도로 상황에서는 선팅 문제가 먼저 해결되어야 한다. 미국에 비해 보행자에 대한 배려와 양보가 부족한 점도 애초에 소통이 불가능한 여건에 기인하는 바가 적지 않을 것이다.

횡단보도를 건너기 전에 운전자와 눈을 마주칠 것을
지시하는 안전 표지판. 비엔나, 버지니아.

21 설계의 바깥

도시설계 시장 만들기

마지막으로 도시설계와 관련된 우리 사회의 현실적인 여건을 몇 가지 공유하고 고민을 나누고자 한다. 지금까지는 '우리 도시를 어떤 모습으로 바꿔야 하는가?'를 논하며 설계 도면을 들여다보았다면 이제 고개를 들어 도면 바깥의 세상으로 눈길을 돌려보자.

우리의 신도시 개발은 아파트단지를 공급하는 수단이라고 표현해도 과언이 아니다. 단독주택 등 아파트가 아닌 주거 유형은 구색을 겨우 맞추는 수준에 불과하다. 수십 년간 대단지 아파트 일색으로 도시의 밑그림을 그려 온 결과는 건설업의 양극화 혹은 소규모 건설업 시장의 소멸이었다. 단독주택을 짓는 건설사와 수천 세대 아파트단지를 지을 수 있는 건설사의 규모는 다르다. 수천 채의 단독주택을 건설할 때 생겨나는 설계·시공·인테리어 분야의 수많은 일거리가 하나의 단지 건축 사업으로 묶이다 보니, 이를 수주하는 소수의 대형 건설사·설계사 외에 소형 건축물을 다루는 중소 건축 분야는 일감이 없는 탓에 시장 자체가 제대로 형성되지 않는다.[40] 누군가 인테리어를 하거나 단독주택을 지으려면 어떻게 해야 믿을 만한 업체를 만날 수 있을지부터 걱정해야 하는 지경에 이르렀다.

대규모 아파트단지 중심의 토지이용계획. 대부분의 신도시가 이와 유사한 모습이다.

도시설계도 피해자 중 하나다. 건축설계보다 도시설계의 발주량 자체가 더 적은 특성도 있지만 공동주택 용지를 공급하는 데 초점을 맞추다 보니 설계 업무가 단순하고 중요치 않은 일로 치부된다. 막대한 자금으로 넓은 지역의 토지를 확보해 도시를 개발하고, 개발된 부지를 다시 민간에 판매하는 도시개발사업 시행자(한국토지주택공사 등)로서는 가능한 한 빠르게 사업을 청산하는 것이 무엇보다도 중요하다. 사업 기간이 길어질수록 비용이 늘어 사업성이 나빠지기 때문이다. 도시개발사업 시행자는 작은 필지들을 세밀하게 다루기보단 대단위 공동주택 용지 위주로 도시를 계획하여 시행사나 건설사에 판매하는 방식을 추구하게 되고, 이는 대규모 아파트단지 분양 사업을 선호하는 건설사의 이해관계와 잘 맞아떨어진다.

도시계획을 발주할 때도 설계 내용에 대한 평가보다는 금액을 기준으로 업체를 선정하다 보니 사실상 설계 없는 가로 공간이 창출된다.[41] 공동주택 용지의 구체적인 단지계획은 이를 구매한 건설사에서 건축설계사무소를 통해 수립할 것이므로 시행자가 용지 매각 이전의 도시설계에 힘을 쏟을 이유가 없다. 그다지 창의적인 고민이 필요하지 않으므로 도시계획가나 도시설계자에게 의존하는 법이 없고, 아파트를 사려는 사람은 줄을 서 있으니 굳이 기존의 관행에서 벗어나 새로운 시도를 할 유인도 없다. 사실상 아파트단지 하나하나가 작은 도시인데 그것을 어떻게 설계할지는 공동주택 용지를 구매한 시행사나 건설사의 일이 된다. 공공용지의 도시계획이 사유지의 건축계획으로 바뀌는 것이다.

이러한 도시 개발 문화가 초래한 결과는 도시설계 시장의 소멸이다. 물론 도시설계가 활성화된 시기 자체가 없었으니 '소멸'보다 '부재不在'라고 하는 것이 더 정확하겠다. 도시설계 프로젝트 자체가 별로 없다는 말이다. 좋은 도시설계 안을 만들어내기 위한 업체 간의 경쟁도 없고 오랜 기간에 걸쳐 설계 경험과 요령이 축적되기도 어렵다. 드문드문 발생하는 프로젝트마다 새롭지 않은 변주를 반복할 뿐이다. 아파트단지의 건축설계가 도시설계를 대체할 수는 없다. 이윤 추구를 목적으로 사유지에 아파트를 짓는 사적 업무와 공익을 전제로 하는 도시설계는 다르다. 건설사는 타 단지와의 차별화를 내세우며 아파트 분양을 위한 상품성 높이기에 매진할 뿐이다.

만약 우리의 경제력에 걸맞은 도시설계 시장이 존재했다면 지금쯤 좋은 도시와 경관, 좋은 공간에 대한 합의가 어느 정도 이루어졌을 것이다. 영화·음악 등 다른 문화 영역처럼 고유한 우리의 도시·건축 양식을 꽃피우고 있었을지 모른다. 여기서 주장하는 새로운 도시설계 패러다임은 기존에 없던 세밀한 설계 과정을 요구한다. 그간의 방식과 다르다 보니 시작은 다소 어색할 수 있지만, 시행착오를 겪으며 보완하고 발전시켜야 한다.

한편으로는 관련 연구나 해외 사례 등을 참조할 수 있으니 아주 막막한 상황은 아니다. 『사람을 위한 도시』, 『패턴 랭귀지』, 『프라하 도시설계 매뉴얼』과 같은 책은 훌륭한 참고 자료다. 변화의 필요성에 대한 공감대가 형성되어 충분한 수요만 창출된다면 우리 도시설계 시장도 금세 성장하여 괄목할 만한 성과를 만들어낼 것이다.

멋진 그림 대신, 멋진 생각

공공건축물을 설계하거나 도시계획을 수립할 때는 설계 공모 방식이 많이 활용된다. 상금 또는 설계권을 포상으로 걸고 여러 사람에게 설계 작품을 제출받아 제일 좋은 안을 뽑는다. 개념적으로는 별문제가 없어 보이지만, 현실의 설계 공모 과정에는 여러 가지 어려움이 있다. 그중 몇 가지를 짚어보자.

일단 응모작을 만드는 기간이 짧다. 보통 사업 일정에 따른 최소한의 기간을 주기 마련인데 구상에 앞서 면밀한 검토를 수행하기에는 다소 부족하다. 그렇다고 기간을 길게 줄 수도 없다. 나중에 실현될 당선작은 하나인데 수많은 사람이 오랜 시간 작업에 매달릴수록 인력과 자원의 낭비가 심해지기 때문이다. 그만큼 입찰에 필요한 매몰 비용의 위험이 커져 응모작이 줄어들 가능성도 있다. 설계자들은 주어진 준비 기간이 3개월이든 1년이든 자체적인 여력이 되는 기간만큼만 준비할 수밖에 없다.

두 번째는 심사 기간이 짧다는 점이다. 보통은 몇 시간, 길어봐야 이틀 정도가 대부분이다. 심사위원들을 너무 오랜 기간 붙잡아둘 수 없기 때문이다. 심사 전에 충분히 검토할 수 있도록 응모작을 미리 나눠주면 좋겠지만 공정성의 훼손이 우려된다. 발주청은 심사위원이 그 기간 중 어디서 누구를 만나 무슨 이야기를 주고받을지 불안한 것이다. 처벌을 강화하면 된다고 생각할 수 있지만 처벌이 없어서 로비가 만연한 것이 아니다. 촉박한 작품 준비와 심사 기간은 당선작의 부실로 연결된다. 심사위원들은 나름대로 각 분야의 최고 전문가지만 그들도 사람인지라 어쩔 수 없이 화려한 설계안에 눈이 가기 마련이고 응모작도 눈길을 끄는 시각적 표현이나 공사비를 고려하지 않은 과감한 디자인에 치중한다. 그렇게 덜컥 당선안을 뽑았지만 설계안을 그대로 구현하기엔 예산이 부족한 탓에 설계 조정을 거듭하다가 나중에는 당선안과 상당히 다른 모습으로 완성되는 경우가 허다하다. 허리띠를 졸라맸으니 건물이 더 좋아지는 변화는 아닐 것이다.

세 번째는 응모작을 만드는 과정에 발주자나 사용자 등 이해관계자의 참여가 전혀 불가하다는 점이다. 지침을 통해 설계 시 참고할 조건을 미리 제공하고 공개적으로 질문할 수 있는 기간도 주어지지만, 실제 설계 과정에서는 발주처나 사용자와 의논하지 못하고 설계자가 단독으로 작업할 수밖에 없다. 구체적인 설계안을 보지 못한 상태에서 사용자가 미리 검토 의견을 낼 순 없는 노릇이다. 그러므로 당선작이 결정되고 나면 설계 지침을 만들 때 예상하지 못했던 프로그램상의 문제점이나 실제 건물을 사용하게 될 사용자나 관리자의 다양한 변경 요구에 직면하게 된다. 앞으로 해당 건축물을 사용할 사람이 도면을 직접 봐야지만 부적절한 부분을 짚어낼 수 있는 것이다. 물론 사용자의 의견이 무조건 옳지는 않다. 사용자 개인의 단순한 기호 문제라든가 사용자 집단의 사적 요구와 공공건축물의 공적인 방향성 간 충돌일 수도 있다. 이미 설계자가 해당 문제점을 인지하고 있었으나 새로운 공간을 제안하는 입장에서 종합적인 판단을 내린 결과일지 모른다. 그러나 현실적으로 설계자가 놓치는 부분도 많을 수밖에 없다.

그렇다고 당선된 안을 수정하는 일이 간단한 것도 아니다. 당선작은 어디까지나 다른 작품과 공개적인 경합을 거친 결과물로, 누군가의 실수로 당선작의 설계 내용이 공모 당시와 다르게 변경되면 공정성에 문제가 생긴다. 큰 금액이 걸린 만큼 이러한 문제 제기는 소송으로 이어질 확률이 높다. 조사에 따르면 설계 공모 당선안이 설계 과정에서 변경되었다고 응답한 비율은 73.9퍼센트에 달한다.[42] 전적으로 공모 방식의 문제라고 할 수는 없지만 이같이 공모 방식이 당선안에 끼치는 부정적 영향은 절대 작지 않다. 주로 건축설계 공모를 이야기했지만 도시설계 공모도 크게 다르지 않다.

그렇다면 대안은 무엇일까? 새로운 아이디어가 필요하니 공모를 추진하되, 최종 결과물인 '설계안'을 선정하는 대신 최종 결과물을 만들어갈 '사람'을 뽑으면 어떨까? 프로젝트에 관한 생각과 구상이 담긴 글을 요청해 평가하거나 과거 수행했던 프로젝트를 평가하여 가장 적합한 사람을 선정할 수도 있다. 그렇게 한다면 선정된 설계자와 발주처, 사용자가 함께 모여 주어진 설계 기간 내내 의견을 나누고 생각을 더해 새로운 아이디어를 싹틔우고 발전시킬 수 있다. 현란한 조감도에 현혹되거나 예산을 초과할 일도 없다. 멋진 아이디어와 완벽한 프로그램을 갖춘 작품을 기대해 볼 만하다.

설계 공모 이야기를 마무리하기 전에 근본적인 문제를 하나 더 짚고 넘어가자. 도시를 만들면서 그 설계안을 공모로 정하는 것은 과연 바람직할까? 도시를 만드는 주체는 앞으로 막대한 공적 비용이 투입될 도시건설 사업의 최종 책임자로서 공공을 위한 명확한 비전과 전략을 갖추어야 한다. 일반적으로 장기간의 연구와 전문가 자문, 토론을 거쳐야 할 것이다. 구체적인 도시설계에 앞서 설계의 목표나 방향성에 대한 논의를 풍성하게 만들고자 아이디어를 공모하는 것은 바람직하다. 그러나 최종 결과물인 설계안을 공모해서 하나를 선택한다는 것은 달리 말해 당초 도시설계의 방향성이 없었음을 자인하는 행위다. 즉, 도시건설이라는 중대한 공공 사업에 결과를 담보할 수 없는 공모 방식을 도입하는 행위는 매우 무책임한 일이다.

도시설계는 미술도 스포츠도 아니다. 접수된 모든 설계안이 나름 훌륭하다고 말할 수도 없고 합리적으로 줄을 세울 수 있는 객관적인 기준도 없다. 운이 좋아 어디 하나 나무랄 데 없는 완벽한 설계안이 접수되고 또 다행스럽게 1등으로 뽑히는 기적을 바라야 한다. 도시설계 발주자는 외부에서 손쉽게 설계안을 구하려고 하기보다 책임감과 전문성을 갖추고 최종 설계안의 수준을 끌어올리는 방안을 치열하게 고민해야 한다.

서울시 설계 공모 심사장의 모습.

도시계획은 건축설계처럼

'도시계획의 직무 유기'에서 다루었던 부분이지만 앞의 내용과 연결 지어 이야기를 확장해보자. 무언가 만드는 일을 시작하려면 향후 그 대상이 완성되었을 때 어떤 모습일지 미리 알 수 있는 밑그림이 필요하다. 정확한 모습이 담긴 밑그림을 공유해야 이를 바탕으로 관계자들이 생산적인 토론을 하거나 수정안을 만들며 결과물을 개선할 여지가 있다. 도시설계에도 이처럼 구체적인 밑그림을 준비하는 과정이 꼭 필요하다.

도시 한 곳에 활기 넘치는 중심 상업 가로를 만든다고 가정하자. 그렇다면 공간 양옆에 늘어서는 건축물의 높이·형태·재료·색상·창문·출입구부터 가로수·벤치·가로등·광고물에 이르는 종합적인 지침을 결정하고 사람의 눈높이에서 바라본 투시도로 그려 확인해야 한다. 사람은 저마다 가진 배경 지식과 상상력이 다르므로 확정된 그림 없이는 제대로 된 의사결정이나 합의가 이루어졌다고 보기 힘들다.

그러나 우리의 도시계획은 어떤 도시 공간을 만들고자 하는지, 다시 말해 계획을 통해 창출되는 구체적인 공간의 형태가 불명확하다. 형태 계획은 대체로 정형화된 미사여구(조화로운·정돈된·통일성 있는·다채로운·역동적인·경쾌한 등등)로 점철된 선언적인 문구 혹은 '통경축'이나 '경관축' 등 거시적인 내용에 그치고 만다. 세부적인 도시설계 단계인 지구단위계획에서마저 최고 높이나 층수, 색상 범위, 구간별 건축선(건물 외벽이 이 선을 넘지 않도록 하시오) 내지 건축지정선(건물 외벽을 정확히 이 선에 맞추시오)을 결정하는 수준으로 설계를 완료한다. 즉, 공공공간의 구체적인 그림이나 투시도가 없다. 사업 기획이나 인허가를 위해 계획 방향을 보고할 때면 유럽의 멋진 가로 사진으로 자료를 만들고 그럴싸한 영어 단어와 함께 '이런 느낌으로 만들고자 합니다'라는 식으로 기획안을 확정하는 것이 우리 도시계획 절차의 현실이다. 물론 그 사진처럼 될 리가 없다. 심지어 차도가 있는 가로를 계획하면서 보행자 전용 도로 사진을 붙여놓기도 한다. 예시 사진이나 단어의 나

열은 계획이 아니다. 계획되지 않은 부분은 관행대로 만들어지기 마련이다.

결과적으로 우리 도시 공간의 실제 모습은 필지를 구입한 건축주가 건물을 짓는 과정을 거쳐 각 건축물이 부품처럼 하나씩 조립되어 완성된다. 당연히 조화로울 수가 없다. 가로 단위의 큰 그림에서 시작하여 건축물 등 작은 디자인 요소를 통제하는 하향식Top-down이 아니라 상향식Bottom-up으로 작은 개별 건축물의 디자인이 모여 큰 그림을 만들어내는 것이다. 자동차에 비유하면 완성될 자동차의 모형이나 설계도가 없는 상태에서 각자 따로 만든 부품을 조립해 전체 형상을 만드는 셈이니 멋진 결과물에 대한 기대는 요행을 바라는 일이다.

새로운 도시설계 패러다임에서는 건축 단phase으로 넘어간 공공공간 창출의 책무가 도시설계자에게 돌아오고, 도시설계자가 건축의 외피를 디자인하여 건축주에게 건네는 단계까지 나아간다. 건축설계 전문가가 도시설계자가 되어 건축 외벽으로 도시 공간을 형성하는 방식을 고민하거나 반대로 도시설계 경력자가 건축 외벽에 대한 이해를 키울 수도 있다. 어느 쪽이든 건축과 도시의 경계는 점차 허물어지고 과업은 더욱 융합한다. 그러므로 새로운 일에 필요한 지식과 역량을 미리 쌓을 수 있도록 인재를 육성하는 대학에서도 더욱 적극적으로 학제의 조정이나 통합을 검토해야 할 것이다. 물론 공공이 먼저 형식적인 도시설계 관행에 문제를 제기하고 도시설계자에게 가로의 구체적인 모습과 이를 구현한 도면을 요구해야 한다.

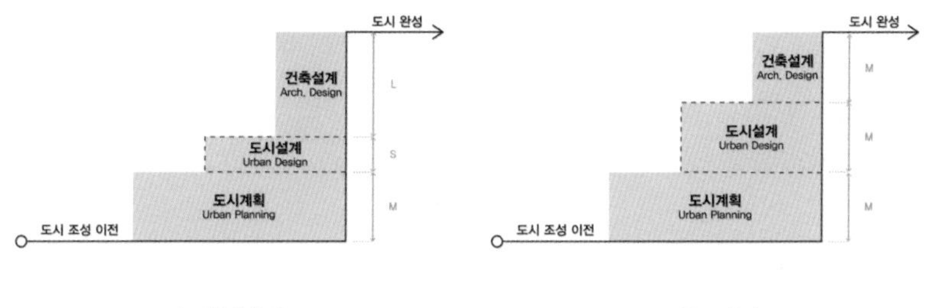

도시 완성으로 가는 계단

왼쪽 그림은 도시 조성을 위한 공간 구상의 과정을 도시계획, 도시설계, 건축설계로 나눈 것이다. A는 중간 단계인 도시설계가 개략적으로 수행되어 건축설계의 역할이 과도하게 커진 우리나라 도시 조성 과정의 현재 상황이다. B는 도시설계가 제 역할을 찾아 업무량을 늘림으로써 각 단계가 균형 있게 도시 조성에 기여하는 모습을 나타낸다. 지금처럼 도시를 조성할 때 건축설계에 과도하게 의존해서는 안 된다. 건축은 어디까지나 사적인 영역으로 설계자의 역량이 천차만별이기 때문에 결과적으로 도시의 완성도가 떨어지기 쉽기 때문이다. 반면 공공의 역할인 도시설계가 충실하게 이루어진다면 건축설계가 조금 부족해도 높은 수준의 도시 완성도를 달성할 수 있다.

건축은 죄가 없다

많은 사람이 건축의 공공성을 이야기한다. 공공을 위한 건축주와 건축설계자의 의무를 말하고 도시를 망치는 원인과 해법으로 건축을 지목하고 변화를 촉구한다. 심지어 공공성을 충분히 고려하지 않은 건축물은 윤리적인 비판의 대상이 되기도 한다. 건축물이 크고 작은 공공성을 가진 것은 사실이지만 도시 문제의 근원을 건축에서 찾는 접근은 문제의 본질을 간과하게 만든다. 도시 공간의 문제는 개별 건축물이 감당할 수 없으며 이에 대한 비판은 건축에 앞서 도시를 계획한 이를 향하는 것이 옳다.

건축물은 도시계획의 최종 결과물인 '필지' 위에 자리 잡는다. 필지에 적용되는 모든 건축 관련 규제는 필지의 가격을 좌우하는 핵심 요소로, 분양 전에 모두 결정된다. 새로 만들어지는 도시가 어떤 공공의 지향점을 지닌다면 그 내용은 필지를 판매하기 전에 모두 확정지어야 한다. 건축 인허가 과정에서 개별 건축주나 건축가를 도시 공간 창출에 관여하는 공적인 업무의 수행자로 추켜세우곤 한다. 그러면서 공공을 향한 희생과 도시적 맥락을 고려한 공공성을 담은 건축 계획안을 요구하는 일이 만연하지만 이는 정당하지 않다. 모두 사적인 지출을 강요하는 일이기 때문이다.

도시계획 단계는 정부나 공공기관이 주관하는 공적인 영역이므로 수익 창출이나 시장의 논리에서 다소 자유롭지만 건축설계는 그렇지 않다. 수많은 개인의 일생이 달린 막대한 투자 사업이다. 건축주와 건축가가 설계 변경을 초래할 수 있는 위험 요소를 미리 인지하고 안전하게 건축 사업을 기획하도록 사전에 확정하여 고지해야 한다.

이런 측면에서 도시 문제의 책임을 건축에 묻는 일은 본말이 전도된 무책임한 행위다. 도의적인 차원은 물론 문제 해결 차원에서도 타당하지 않다. 도시 구조가 정해진 상태에서 공간의 표피에 해당하는 건축물로 도시 문제를 해결하려는 시도는 사후적인 미봉책에 불과하다. 건축은 죄가 없다. 단지 도시계획의 잘잘못이 건축을 통해 비로소 드러날 뿐이다.

도시계획안의 무게

양보다 질이라는 말이 있지만 너무도 값비싼 '땅'을 다루는 도시·건축 분야에서만큼은 질보다 양이 중시되곤 한다. 사업에 천문학적 비용이 투입되고 이에 얽힌 이해관계자의 수를 헤아리지 못할 정도인데 공간의 품질을 논할 여유 따위는 없는 것이다. 괜한 말을 꺼냈다가 사업이 하루라도 지체되는 날에는 역적 취급을 받을지도 모른다.

이러한 경향은 정책에서도 드러난다. 도시와 건축을 주관하는 국토교통부에는 공간의 양적인 측면이나 성능과 같이 수치를 다루는 부서는 많아도, 사람들의 어울림이나 건물의 디자인과 같은 공간의 정성적 품질을 고민하는 부서는 거의 없다. 좋게 해석하면 '시장에서 알아서 잘하겠지'라는 믿음이 있는 것이고 나쁘게 말하면 '좋은 도시계획'의 중요성에 '무관심'한 것이다. 이러한 무관심은 결국 도시계획 자체에 대한 천대 또는 소홀함으로 이어진다.

도시계획의 수립과 변경을 위한 검토 절차가 법으로 확립되어 있지만 도시계획안은 갈대처럼 흔들린다. 누구나 도시에 관한 자신의 경험을 바탕으로 계획안에 한마디씩 얹을 수 있기 때문이다. 특히 소속과 상관없이 직위가 높을수록 그 발언의 파급력도 크다. 상급자의 의견은 냉철하게 비토veto되기 어렵기 때문이다. 물론 비전문가라 할지라도 그 의견이 타당할 수 있고 위계에 구애받지 않고 수평적인 논의를 가능케 하는 인품을 가진 사람이라면 하나라도 의견을 더하는 편이 바람직하다. 그러나 현실에서 그런 경우나 여건을 기대하기는 어렵다. 그러므로 계획의 품질을 높이려는 노력과 함께 그 내용이 외부 요인에 흔들리지 않도록 계획의 위상을 높이는 방안을 강구해야 한다. 그 방안에는 계획 수립에 참여하는 전문가의 독립성을 보장하고 계획의 수립 및 변경 과정에 부정적인 외부 간섭이 발생할 여지를 차단하는 내용이 포함되어야 할 것이다.

구겐하임 박물관 건립으로 유명해진 스페인의 빌바오시는 당시 도시재생 사업을 추진하면서 마스터플랜 현상 공모에 당선된 건축가를 상임위원회 위원으로 위촉했다. 상임위원회는 '빌바오 리아 2000'이라는 사업 시행 조직의 최고 의결 기구로서 전원 합의체였으므로 마스터플랜을 수립한 건축가의 동의 없이는 사업이 진행될 수 없는 체계를 만든 것이다.[43]

건축가가 공무원으로서 건축 정책과 주요 사업을 관장하는 방식도 있다. 네덜란드 중앙정부와 각 도시는 건축가를 고위 공무원으로 임명하는 '국가 및 시市 건축가' 제도를 운용한다. 건축가가 공간계획·기반 시설·조경 등 건축 관련 정책에 참여함은 물론, 주요 자문위원회 위원장직을 맡아 사회 전반의 정책에 대해 조언하는 제도다.[44]

도시계획의 수립과 변경에 참여하는 의사 결정권자가 소수이고 그 과정이 폐쇄적일수록 합리적인 논의가 생략될 가능성이 크고 외부의 간섭에도 취약하다. 그러므로 도시계획의 위상을 높이는 기본적인 방향은 절차를 최대한 투명하게 공개하고 가능한 한 많은 사람의 관심과 참여를 유도하는 것이어야 한다. 대중의 관심 속에 치열한 논의를 거듭하여 다듬은 계획안은 시민들의 높은 지지와 계획적 합리성을 갖추는 것은 물론 개인의 권위로 가벼이 움직일 수 없는 무게감을 지니게 된다. ㈔주민참여도시만들기연구원을 중심으로 주민과 함께 도시 기본계획과 관리계획, 경관계획 등을 만들고 다양한 환경 개선 사업을 시행해온 청주시의 방식이 좋은 참고 사례다.

눈부신 신기술

혜성처럼 등장한 자동차의 속도와 편리함에 사람들이 심취해 있는 동안 도시의 공공공간은 사람에게 적합하지 않은 황폐한 모습으로 변해갔다. 도시는 여전히 그 후유증에 시달리지만 교통 기술의 발전 속도는 아랑곳하지 않고 나날이 빨라져 간다. 배달 서비스의 폭발적인 증가로 더욱 많아진 오토바이들이 보행로를 안방처럼 드나들고 PM이라는 새 이름을 얻은 전동 킥보드는 MaaS(Mobility as a Service)라는 새로운 교통 개념의 핵심인 양 미래 도시의 주인공 행세를 한다. 공유 오피스 사업을 대표하던 기업은 최근 파산했지만 공유 자동차는 여전히 건재하며 미래 도시에 꼭 필요한 신기술의 주축으로 여겨진다. 전기차는 말할 것도 없거니와 자율주행이 앞으로 우리 삶에 어떤 혁명적인 변화를 불러올지 모두가 앞다투어 자율주행차의 등장에 따른 사회 변화를 예측하고 준비하는 데 혈안이 되어 있다.

도시계획도 예외는 아니다. 자율주행 기술을 적용한 공유 차량 서비스가 도시 전면에 도입되면 이를 이용하기 위해 차량을 호출해야 한다. 차는 어디서 대기할 것이며 그 공간은 얼마나 필요한지, 탑승하기 위해서는 길가에 얼마만큼의 승하차 공간이 필요한지, 어디서 어떻게 PM으로 갈아타고 요금 체계는 어떻게 통합하는 게 좋을지 등등 많은 이가 신기술을 접목한 도시에 관한 고민을 이어가고 있다. 다가올 미래에 뚜벅뚜벅 걸어 다니는 모습은 도저히 상상할 수 없는 일이 된 듯하다.

100년 전 자동차가 등장하던 순간처럼 혹시 우리가 찬란한 신기술에 현혹되고 있는 것은 아닐까? 그 답은 지금 우리가 이러한 기술을 평가하고 우리의 공간 속으로 받아들이는 태도에 담겨 있다. 앞으로 자율주행·공유차·PM 등이 우리의 삶에 선사할 가치와 삶터에 가져올 변화를 예측하고 고민했을 때 그 결과가 긍정적이어야만 그러한 신기술을 적극적으로 수용하는 도시설계가 정당성을 가진다. 사전 평가가 전제되지 않은 채 이루어지는 수용은 맹목적이며 위험하다. 이미 사람들이 앞다투어 한 방향으로 달리고 있기 때문에 그 흐름에 합류해야 한다는 것은 비합리적인 변명이다. 도시는 신기술의 경연장이 아니라 삶터이기 때문이다.

48명이 이동할 때 운송 수단별로 차지하는 공간.

↑ 버스나 자전거와 비교할 때 승용차가 수송량 대비 도시 공간을 과도하게 차지한다는 것을 보여준다.

↓ 자동차가 전기자동차나 자율주행차로 바뀌어도 차이점이 없다는 사실을 풍자하고 있다.

도시계획은 우리 사회가 추구할 가치들을 정하고 그 목표를 달성하기 위해 가장 바람직한 삶의 형태를 제안해야 한다. 그러나 지금의 도시계획은 공유된 목표나 삶의 형태에 대한 공감대를 형성하지 못하고 새롭게 등장하는 서비스 등 외부적 요구를 도시 공간에 수용하는 수동적인 역할에 머물고 있다. 어쩌면 이미 황폐한 일상의 배경에 별다른 애착을 형성하지 못해 별다른 고민 없이 또 다른 신기술의 효용을 좇는 것인지도 모른다. 그렇지만 우리는 과거에서 얻은 교훈을 헌신짝처럼 버려서는 안 된다.

고쳐 쓰는 도시

우리는 왼손으로 신도심을 개발하며 오른손으로 구도심을 재생하고 있다. 좌뇌와 우뇌를 연결하는 우리 사회의 뇌량이 끊어진 것일까? 새 집을 지으면 헌 집은 버려질 수밖에 없는데 두 마리 토끼를 다 잡으려 한다. 설상가상 인구는 오히려 줄고 있다. 구도심의 쇠퇴는 인근에 신도시를 건설한 결과이며, 신도시는 결국 쉽게 아파트단지를 지을 수 있는 땅을 찾아 구도심 밖으로 나가게 된 입지 선택의 결과물이다. 저렴하게 아파트단지를 짓고 살기 위해 구도심을 우리가 버린 셈이다.

사람들이 아파트단지를 선호하는 이유는 상대적으로 다른 주거 방식보다 편의성이 높기 때문이다. 단독주택 위주의 기존 도심은 여러모로 불편한 점이 많지만 새로운 아파트단지에는 모든 것이 갖추어져 있다. 정부나 지자체가 주차장·공원·체육 시설·관리 사무소·방범 시설 등 주거 편의 시설을 확보해 기존 도심을 개선하는 대신 이를 시장에 맡기고 모든 시설이 마련된 아파트 건설만을 장려한 결과다.[45]

결국 민간 주도의 아파트단지에선 점차 주차장을 지하에 계획하고 지상부에 정원을 가꾸는 등 내부 설계가 크게 발전하였으나, 일반 주거지역의 단독주택지구는 조성 시기가 1980년대든 2000년대 이후든 가로 구조나

설계에서 큰 차이가 없다.[46]

다른 선택지는 없었을까? 1970년 무렵으로 돌아가 불편한 주거 환경을 아파트단지라는 책임 전가성 발명품으로 대체하지 않았다면? 시민들에게 필요한 공원·주차장·문화체육 시설·주택 관리 서비스를 정부와 지자체가 나서서 직접 확충했더라면, 사람들은 여전히 같은 곳에서 편리하고 안전하게 살아갔을 것이다. 하다못해 1990년대 일산, 분당 등 1기 신도시를 개발할 때 아파트단지만을 고집하기보다는 공공 기반을 잘 갖춘 아기자기한 마을로 신도시를 꾸렸더라면 지금처럼 전 국토가 아파트단지 일색이 되지는 않았을 것이다.

앞서 언급했듯이 아파트단지 중심의 신도시 개발은 중소 건설 업계를 고사시키고 도시설계 역량이 자라날 여지를 없애 버렸다. 만일 중소 규모의 설계, 시공 업체들이 아파트단지 대신 수천 채의 주택·상가·공원·주차장을 나누어 건설하면서 역량을 키워왔다면 이는 지방 도시를 지탱하는 경제 활동의 한 축이 되었을 것이다. 그 기반이 되는 도시설계 분야도 지역별로 다양한 설계를 시도하고 새로운 공간을 창출하며 도시설계 시장의 규모와 업계의 역량 또한 발전해나갔을 것이다. 그렇게 중소 건설 업계와 공공의 도시설계 역량이 잘 성장했다면 구도심 지역도 지금과 달라졌을지 모른다. 도시를 새롭게 고쳐 쓰는 과정에서 '구old'라는 오명 없이 유서 깊고 살기 좋은 도시 공간으로 나날이 거듭났을 것이다.

> "도시는 덧칠해 나가면서 발전해야 한다.
> 들춰보면 과거의 증언이 들려야 한다."[47]

언젠가는 지금의 구도심이 사람의 온기로 다시 가득 차고 북적이는 날이 올 것이다. 그때에는 도시를 고쳐 쓰는 것이 익숙해져 재개발은 영영 없는 일이 되기를 바란다.

에필로그: 마음이 머무는 길

어릴 적 살던 5층 주공아파트단지를 떠올리면 집 앞의 작은 길과 그 길 위에서 어울리던 동네 사람들이 생각난다. 우리 집 앞에서 쌀집을 하던 아람이네, 개인택시를 하던 민이네, 우리 집과 문을 마주 열고 지내던 은주와 동건이, 게임기를 빌려주던 아랫집 신혼부부 그리고 이제 이름이 잘 떠오르지 않는 더 많은 친구들. 단지 내 도로에는 언제나 사람들이 있었다. 쌀집 앞 노란 장판이 깔린 널따란 평상에선 아주머니들이 늘 무언가를 손질하거나 음식을 나눠 드시곤 했고, 아이들은 그 위에서 동그란 딱지나 보드게임에 몰두했다. 집에 가방만 던져 놓고 나와서는 저녁 무렵 집집마다 아이들의 이름을 부르는 소리가 들릴 때까지 우리는 그 길 위에서 뛰어놀았다.

떠나온 지 30년이 훌쩍 넘었지만 내 마음의 한 조각은 아직 그곳에 머물러 있어 한 번씩 찾아가곤 한다. 이제 나도 그만한 아이들을 키우다 보니 그렇게 이웃과 어울려 사는 경험을 전해주고 싶다는 생각도 들지만 그때의 우리처럼 길가에 아이들을 내놓을 엄두가 나지 않는다. 조잘거리는 이야기를 들어보면 아이들의 동심은 그대로이니 세상이 달라진 것이다. 누군가 세상이 변했다 할 때 도시 공간을 이야기하는 것은 아니겠으나 나는 달라진 길의 모습이 가장 눈에 밟힌다. 아이들을 한데 풀어 놓으면 예나 지금이나 알아서 잘 어울려 놀 것이라는 확신은 있지만 집 앞의 길은 더 이상 놀이 공간이 아니므로 뛰어노는 아이들과 오가는 어른들이 마주칠 일이 없다. 길을 오가다 앉아 쉬며 아이들의 얼굴을 익혀갈 수 있는 평상도 없으니 아이들의 모습을 간간이 지켜봐 줄 어른도 없다. 남 탓하듯 '세상이 달라졌다'라고 말하지만, 우리 손으로 바꾼 것이다. 소중함을 몰라서 없어져도 되는 줄 알았을 것이다. 아니, 없어지는 줄도 몰랐을 것이다.

직장을 따라 아무런 연고가 없는 지역에 살게 된 지 15년이 되어간다. 꽤 오랫동안 한동네에 살았음에도 불구하고 이웃에 인간관계라고 할 만한 것은 생기지 않았다. 새롭게 안 사람들은 대부분 업무상 만나게 된 이들뿐, 나는 여전히 우리 옆집에 어떤 사람들이 사는지 잘 알지 못한다. 그나마 동네에서 인사라도 나누게 된 사람들은 아이를 하원 시키면서 일주일에 두세 번 마주치는 이웃이나, 달에 한 번은 이야기를 나누는 단골 미용사 정도다. 우리는 도시에 모여 살지만, 아직 함께 살진 않는다.

사회는 사람들의 모임이다. 건강한 사회는 풍요로운 인간관계로 가득 찬 사회다. 그리고 새로운 인간관계는 반복적인 만남으로 형성된다. 스마트폰에서 지도를 열고 우리 마을에 정류장이 어디 있는지 살펴보자. 집과 정류장을 오가는 경로에서 사람들의 만남과 대화를 방해하는 것은 무엇인지 생각해보자. 그 사이 머무를 수 있는 광장이나 공원이 있는지, 그 상태는 어떠한지도 한번 따져보자. 광장이 없다면 어디쯤에 만들어야 좋을지 생각하며 잠시 계획가가 되어 보자. 그렇게 한번 시야에 들어온 주변 환경은 마음속에 어떠한 불만과 기대를 키워낼 것이다. 불만은 변화를 일으키는 힘이다. 우리의 마음이 머무는 장소가 더 이상 추억으로만 존재하지 않고, 오늘 우리가 사는 바로 이곳이 되게끔 해야 한다. 우리 아이들에게는 이웃이 있는 도시를 물려주자.

우리의 작은 불만이 능히 이 도시를 바꾸어낼 것이다.

추천의 말 1

도시를 따뜻한 시각으로 보게 하는 책

황희연 충북대학교 도시공학과 명예교수

2018년 봄 행정중심복합도시 총괄기획가 역할을 수행할 때 일이다. 행복도시를 21세기 이념을 담은 새로운 도시 모델로 만들고 싶어 기존 도시와는 다른 접근을 시도했다. 이럴 때면 늘 변화를 싫어하는 공무원들의 저항에 부딪혀 어려움을 겪게 된다. 하지만 그때는 달랐다. 담당 서기관이 오히려 조용조용히 지원해주었다. 덕분에 즐겁게 총괄기획가 업무를 수행하였고 짧은 시간에 상당한 진전도 있었다. 그 서기관이 저자 송민철이다. 내 기억 속에 송민철은 의식 있는 공무원, 공무원 이미지와는 다른 공무원으로 남아 있다. 이 추천사를 쓰게 된 배경이기도 하다.

사람들은 자연을 좋아한다. 아이러니하게도 연구 결과에 의하면 자연을 좋아하는 사람보다 사람이 북적거리는 곳을 좋아하는 사람이 더 많다. 인간이 본질적으로 사회적 동물이라서 그렇다. 이 책은 우리 도시가 삭막해진 주된 원인을 도시설계가 제대로 시행되지 못해 사람 간의 만남이 잘 이루어지지 않는 도시가 되었다는 데서부터 찾는다. 저자는 도시개발 과정에서 도시설계 부문을 강화해야 하고, 도시설계의 초점을 '사람들의 만남'이 이루어지게 하는 것에 두어야 한다는 점을 강조한다.

이 책을 읽고 있으면 저자의 내면에 흐르는 풋풋한 인간미가 느껴진다. 따뜻한 도시, 추억이 남아 있는 도시가 그리워지기도 한다. 책의 이름, 구성, 소제목, 어휘 선택 하나하나에서 편안하고 정감 있는 책을 만들려고 애쓴 흔적이 역력하여 더욱 그렇다. 전문용어가 쉽게 읽히는 일상용어로 번안되어 있다고나 할까? 내용도 단순하고 명쾌하게 도식화하여 일반인도 쉽게 이해할 수 있게 표현되어 있다. 하지만 우리 도시를 바꾸기 위해 필요한 전문성이 깃든 내용이다.

우리 도시는 왜 메말라 가고 있을까? 도시 전문가들의 전문성 문제일까? 저자는 자본의 논리가 도시 공간 형성을 지배하도록 방치하고 있는 것을 문제의 핵심으로 지적했다. 그래서 도시설계가 정상적인 역할을 하도록 도시 조성 시스템을 바꾸어야 한다는 점을 제안했다. 불행하게도 우리 도시의 미래는 더욱 불투명해 보인다. 갈수록 자본의 힘은 비대해지고 비대면 만남이 보편화되고 있다. 만남이 줄어들고 지역 공동체가 해체되고 우리의 삶은 그만큼 더 메마르고 있다. 사람의 온기가 더 그리워지고 따뜻한 도시를 만들어야 할 필요성이 더 절박해졌다. 이 책이 소중하게 느껴지는 이유다. 하지만 도시설계만 달라져서는 '사람을 만나는 도시'가 될 것 같지 않다. 도시를 계획하는 과정에서 도시 골격과 토지 이용 형태가 바뀌고 건축설계 과정에서 포용의 가치가 함께 실현되어야 한다.

한꺼번에 모든 것을 성취할 수는 없다. 어디선가부터 시작을 해야 한다. 이 책의 출간이 그 출발점이 될 수 있으면 좋겠다. '사람을 만나는 도시 만들기 운동'이 우리 사회 전반으로 펼쳐지는 데 불쏘시개 역할을 할 수 있기를 바란다. 이 책이 널리 읽혀 도시를 바라보는 저자의 시각이 우리 사회의 보편적 가치로 공유되고, 나아가 이 책에서 제안한 것들이 도시 속에서 실현됨으로써 우리 도시가 변할 수 있는 단초가 열리기를 기대한다.

추천의 말 2

좋은 도시란 어떤 도시인가

박인석 명지대학교 건축학부 교수

좋은 도시란 어떤 도시인가. 도시의 규모와 산업, 환경과 교통도 중요하지만 한 도시의 매력을 좌우하는 것은 무엇보다도 도시의 형태, 즉 '어떻게 생긴 도시인가'일 것이다. 전자가 도시계획의 과제라면 후자의 형태 문제는 도시설계의 과제다. 도시의 자연환경과 역사적 환경을 어떤 모습으로 가꿀지, 가로 공간과 건축물, 공원과 광장을 어떤 형태로 만들어야 하는지, 이 모두가 도시설계의 과제다.

한국 도시 정책과 행정의 가장 큰 약점이 취약한 도시설계다. 지구단위계획이라는 이름으로 행해지는 실무 대부분이 도시의 형태를 만들고 가꾸기에 허술한 수준이다. 어떤 프로젝트가 우수한 도시설계 작품인지, 누가 도시설계 전문가인지 비평도 없고 평판도 불분명하다. 실무가 허약한 만큼 정책과 제도도 탄탄하지 못하고 도시설계의 긴요함에 대한 인식도 충분치 못하다. 일반 시민들의 인식 부족은 말할 나위 없다.

이 책은 이런 우리 사회 현실에 단비 같은 존재다. 도시설계가 제자리를 찾기 위해서는 해야 할 일이 너무 많지만, 무엇보다도 도시설계에 대한 인식을 넓히는 일이 필요하다. 좋은 도시의 형태는 어떠한 것이며, 이를 만들고 가꾸는 것이 도시설계의 과제라는 사실이 전문가들과 시민들의 상식이 되도록 해야 한다. 이 책은 이 소중한 역할을 성공적으로 수행한다.

저자는 자칫 복잡해질 이야기를 '사람들의 만남'을 열쇠말로 쉽게 그리고 일관되게 풀어간다. 알기 쉬운 내용만큼이나 읽기 쉽게 편집된 페이지들을 따라가다 보면 독자들은 어느덧 좋은 도시의 형태에 대한 식견과 안목을 챙기게 될 것이다. 그리고 우리 사회의 도시설계 기반도 더 두터워질 것이다.

추천의 말 3

차와 도시는 공존할 수 있을까?

한상진 서울대학교 환경대학원 교수

차와 도시는 공존할 수 있을까? 1960년대 초 영국 의회는 콜린 뷰캐넌Colin Buchanan에게 그 방안을 찾아보라고 요청한다. 당시 런던은 자동차의 폭발적인 증가로 도로 위 정체가 날로 심해졌고 보도까지 침범하는 무질서한 주차 때문에 몸살을 앓았다. 빠르게 질주하는 차량과 보행자 사이 교통사고도 빈번했고 차들이 내뿜는 매연은 런던 스모그의 원인이 되기도 했다. 영국 의회는 빠르고 편리한 줄만 알았던 자동차가 오히려 해가 되고 있다는 사실을 깨닫고 도시에서 차와 어떻게 함께 살아야 할지 질문한 것이다. 그 질문에 대한 답은 1963년『도시 속의 교통*Traffic in Towns*』이라는 제목의 보고서로 세상에 알려졌다.

당시 제안된 아이디어의 핵심은 건축설계에서 중요하게 다루는 방들과 복도의 연결처럼 도시 차원에서는 '환경지역environment area'과 도로의 연결에 주의를 기울여야 한다는 것이다. 여기서 환경지역은 건축물의 방에 해당하고 도로는 건축물의 복도에 해당한다. 뷰캐넌이 주거지역이나 상업지역이라 부르지 않고 환경지역이라고 명명한 이유는 이 공간을 차로부터 자유롭게 살고, 일하고, 쇼핑하고, 걸어 다닐 수 있는 공간으로 정의했기 때문이다. 즉 차의 진입이 일정 수준에서 제한되는 환경지역을 설정하고 이 지역을 도로로 잘 연결하는 것이 차와 공존할 수 있는 길이라는 이야기다. 차의 이용을 어디서나 허용한다면 삶의 공간이 훼손되기 때문에 차가 자유롭게 돌아다니도록 방치할 수는 없다는 것이 뷰캐넌의 주장이며, 이런 측면에서 환경지역에서는 적정 수준에서 주차면 수를 제한할 것을 제시하기도 했다.

뷰캐넌의 제안을 길게 설명한 이유는 이 책 '사람을 만나는 도시' 안에서 그가 제안한 환경지역을 마주했기 때문이다. 오히려 뷰캐넌보다 더 구체적으로 차로부터 사람을 보호할 수 있는 환경지역 구상을 제안하고 있다. 저자는 간선도로에 위치한 대중교통 정류장을 중심으로 반원형의 생활권을 제시한다. 그 내부에는 정류장과 연결된 보행자 광장이 있고 여기서부터 나뭇가지처럼 보행 네트워크를 우선 설정한다. 건물의 파사드는 이 보행 네트워크와 광장을 따라 배치되고 건물 후면으로 차량이 접근할 수 있는 도로를 배치한다. 이렇게 되면 보행자는 광장에서부터 최단 거리로 다른 건물에 접근할 수 있지만 차는 우회해서 건물로 접근해야 한다. 건물 1층에 상업 시설까지 조성된다면 보행자는 재미를 느끼며 차로부터 안전하게 걸을 수 있고 광장에서는 위요감도 느낄 수 있다. 차와 보행자가 공존하되 보행자를 우선 배려하는 '걷기 좋은 도시'의 모델이다. 규모가 너무 크지 않다면 뷰캐넌이 제시한 환경지역에 딱 맞아떨어지는 생활권 구상이다.

이런 도시설계 제안을 실제로 구현하기 위해선 구체적인 논의가 선행되어야 한다. 적정 수준의 환경지역은 어느 정도 크기여야 하는지, 도로는 얼마나 넓어야 하는지, 개발수익이 보장될 수 있는지, 거주민이 좋아할 설계인지, 기존 도시계획 기준이나 규정과 상충하는 점은 없는지 등 고려할 사항이 무척 많다. 뷰캐넌이 제안한 '차와 공존하는 도시'가 영국에서조차 제대로 실현되지 못한 이유도 이런 현실의 벽을 넘어서기 힘들었기 때문일 것이다.

그럼에도 불구하고 '차와 사람이 공존'하는 도시에 대한 요구는 앞으로도 계속될 것이다. 이미 익숙한 차의 편리도 포기할 수 없고, '걷기'라는 인간의 원초적 활동도 다시 살아나야 건강을 유지할 수 있기 때문이다. 자동차의 왕국 미국에서조차 걸어서 이용할 수 있는 생활편의시설이 많은 집일수록 비싸다고 한다. 또 그렇게 걷기 좋은 곳에 사는 사람이 더 건강하다고 한다. 걷기가 지닌 가치는 생각보다 아주 크다. 보행 중심 도시의 좋은 모델이 필요한 이유다.

'걷기 좋은 도시'를 계획하거나 설계하기 위해 고민한 전문가라면 이 책에 제시된 기존 도시의 문제점과 걷기 좋은 도시의 모델에 상당 부분 동의할 것이다. 루쉰魯迅은 '본래 땅 위에는 길이 없었다. 다니는 사람들이 많아지면 그게 곧 길이 되는 것이다.'라고 말한 바 있다. 걷기 좋은 도시로 가는 길도 여럿이 해야 만들 수 있다. 그래야 걷기 좋은 도시를 막아서는 여러 현실의 벽을 넘어설 수 있을 것이다. 부디 더 많은 사람이 이 책을 읽고 그 길에 동참하길 바란다.

참고문헌

1부 우리는 안녕한가?

1 OECD 회원국 교통사고 비교 보고서, 2023

2 김영국, 한대호 『보행교통활성화를 위한 도시형 올레 구축방안 연구』, 한국교통연구원(KOTI), 2011

2부 안녕으로 가는 길

3 이-푸 투안, 윤영호와 김미선 옮김, 『공간과 장소』, 사이, 2020

4 김주환, 능동적 정보와 생성 질서, youtu.be/dLSXQaq5m90

5 김주환, 생각과 의견은 어떻게 결정되는 것일까?, youtu.be/-Q0THBMcE1Y

6 세라 W. 골드헤이건, 윤제원 옮김, 『공간혁명』, 2017

7 세라 W. 골드헤이건, 앞의 책

8 김주환, 『내면소통』, 인플루엔셜, 2023, 391p 및 김주환, 바렐라의 체화된 마음과 중관사상, youtu.be/Sy9FczfttAY

9 Donald Appleyard and *Mark Lintell, Environmental Quality of City Streets: The Residents' Viewpoint*, Department of City and Regional Planning, University of California, Berkeley, 1972

10 김재형, 노지현, 「고독을 부르는 공간의 사회학」, 동아일보, 2016 

11 김영욱, 김주영, 「영구임대아파트와 판자촌의 공간구조와 자살률 비교」, 2016

12 에릭 클라이넨버그, 서종민 옮김, 『도시는 어떻게 삶을 바꾸는가』, 웅진지식하우스, 2019

13 박인석, 『아파트 한국사회』, 현암사, 2013

14 에드워드 글레이저, 이진원 옮김, 『도시의 승리』, 해냄, 2021

15 George Monbiot, "Neoliberalism is creating loneliness. That's what's wrenching society apart," The Guardian, 2016

16 얀 겔, 이영아 옮김, 『사람을 위한 도시』, 국토연구원, 2020

3부 무엇을 해야 하는가?

17 얀 겔, 앞의 책

18 임우진, 『보이지 않는 도시』, 을유문화사, 2022

19 매튜 카르모나 외 3인, 강홍빈 외 6인 옮김, 『도시설계: 장소 만들기의 여섯 차원』, 대가, 2014, 161p

20 최기호, 『단지 계획 및 설계론』, 누리에, 1999

21 찰스 몽고메리, 『우리는 도시에서 행복한가』, 미디어윌, 2014

22 찰스 몽고메리, 앞의 책

23 강병기, 『걷고 싶은 도시라야 살고 싶은 도시다』, 보성각, 2007, 246p

24 한상진, 이해선, 이혜진, 「보행자 안전을 위한 단독주택지구 가로망 계획 개선방안 연구」, 한국교통연구원(KOTI), 2016

25 한상진, 이해선, 이혜진, 2016

26 DoT, U.S. https://www.transportation.gov/mission/health/complete-streets

27 매튜 카르모나 외 3인, 앞의 책

28 얀 겔, 앞의 책

29 한상진 외 38인, 「걷기 좋은 도시를 위해 바꿔야 할 기준」, 『행복해지려면 도시를 바꿔라』, 미세움, 2024

30 이강배, 「온라인 거래의 증가가 지역 소매 상권에 미치는 영향에 관한 연구」, 한국은행 경제연구원, 2019

31 박인석, 『아파트 한국사회』, 현암사, 2013

32 얀 겔, 앞의 책

33 매튜 카르모나 외 3인, 앞의 책

34 얀 겔, 앞의 책

35 이세준, 이석정, 「가로 공간 형성을 위한 지구단위계획 수립과정의 연구」, 한국도시설계학회지 제10권 제4호, 2009

4부 어떻게 해야 하는가?

36 얀 겔, 앞의 책

37 문은미, 「관람자 체험을 고려한 메모리얼의 공간 표현 특성 연구」, 한국실내디자인학회 논문집 제21권 제5호, 2012

38 Camillo Sitte, 『The Art of Building Cities』, Martino Fine Books, 2013

5부 이어지는 길

39 이상우, 「우리는 왜 자동차 안에서 분노하는가」, 『월간교통』, 11월호, 2016

40 박인석, 『건축이 바꾼다』, 마티, 2017

41 박인석, 『아파트 한국사회』, 현암사, 2016
박인석, 『건축이 바꾼다』, 마티, 2017

42 양은영, 임유경, 「공공건축 설계공모 당선안 변경에 대한 발주자와 설계자의 인식」, 『대한건축학회 논문집』, 건축공간연구원(AURI), 통권 제425호, 2024

43 서현, 『빨간도시』, 효형출판, 2014

44 임희지, 「네덜란드의 '국가 및 市 건축가' 제도」, 『세계도시동향』, 서울연구원, 제184호, 2010

45 박인석, 『아파트 한국사회』, 현암사, 2016

46 한상진, 이해선, 이혜진, 2016

47 서현, 앞의 책

도판출처

1부 우리는 안녕한가?

11p ©Karl Jilg

20p ©the Transformative Mobility Initiative(TUMI)

24p 카카오맵 로드뷰, https://map.kakao.com

2부 안녕으로 가는 길

34p ©Roger Victorino, unsplash.com

43p Nabouring and Visiting – Donald Appleyard and Mark Lintell, Environmental Quality of City Streets: The Residents' Viewpoint, Journal of the American Institute of Planners, 1972

3부 무엇을 해야 하는가?

62p (최하단) 국토지리정보원 map.ngii.go.kr

62p (하단) 국토지리정보원 map.ngii.go.kr

64p (상단 좌우) Verkehrsbetriebe STI, CH
(하단) ©The International Association of Public Transport(UITP)

67p 위키미디어 커먼즈, commons.wikimedia.org/wiki/File:Hallstatt_018.JPG

73p 최기호, 『단지 계획 및 설계론』, 누리에, 1999의 도판을 재구성

81~2p ©André Botermans

83~4p 강병기, 「내가 그렸던 '살고 싶은 도시'」, 『걷고 싶은 도시』, (사)걷고싶은도시만들기시민연대 격월간지, 1998

86p (상단) 국토지리정보원 map.ngii.go.kr
(하단) 한상진, 이해선, 이혜진, 「보행자 안전을 위한 단독주택지구 가로망 계획 개선방안 연구」, 한국교통연구원(KOTI), 2016

88p D. Kelbaugh, The Pedestrian Pocket Book, 1996

89p Urban Street Design Guide, The National Association of City Transportation Officials(NACTO), 2013

95p (좌) ©Adrián Valverde, unsplash.com

107p 매튜 카르모나 외 3인, 강홍빈 외 6인 옮김, 『도시설계: 장소 만들기의 여섯 차원』, 대가, 2014

110p (위) 오스트리아 빈 공식 홈페이지 wien.gv.at/flaechenwidmung/public/

4부 어떻게 해야 하는가?

133p Colin Buchanan, Traffic in Towns, Ministry of Transport(MOT), UK, 1963

146p Manual for Streets, Department for Transport, UK, 2007

5부　　이어지는 길

167p　©비엔나 교통안전위원회, The Transportation Safety Commission(TSC)

169p　(좌) ©서울주택도시공사(SH)
(우) ©부산진해경제자유구역(BJFFZ)

178p　©서울시청

185p　©Cycling Promotion Fund(CPF), AU

사람을 만나는 도시

자동차에 빼앗긴 장소를 되찾는 도시설계 지침서

1판 1쇄 발행 | 2024년 9월 20일
1판 2쇄 발행 | 2024년 11월 5일

지은이 송민철

펴낸이 송영만
편집 송형근 이나연
디자인 오승예
마케팅 임정현 최유진

펴낸곳 효형출판
출판등록 1994년 9월 16일 제406-2003-031호
주소 10881 경기도 파주시 회동길 125-11
전자우편 editor@hyohyung.co.kr
홈페이지 www.hyohyung.co.kr
전화 031 955 7600

ISBN 978-89-5872-234-2 (03530)

값 18,000원